Christian Kreiß

Gekaufte Wissenschaft

**Wie uns manipulierte Hochschulforschung
schadet und was wir dagegen tun können**

www.tredition.de

Verlag und Druck: tredition GmbH, Halenreie 40-44, 22359 Hamburg

ISBN
Paperback: 978-3-347-13258-0
Hardcover: 978-3-347-13259-7
e-Book: 978-3-347-13260-3

Inhaltsverzeichnis

Vorwort

Seit das Buch „Gekaufte Forschung" im Mai 2015 erschienen ist, hat sich eine ganze Menge auf dem Gebiet gekaufter Wissenschaft ereignet, ja die Ereignisse haben sich geradezu überschlagen. Stichworte dazu sind der Dieselskandal und Glyphosat, die bis dahin größte deutsche Kooperation zwischen der Uni Mainz und der Boehringer Ingelheim Stiftung, die ans Tageslicht gezerrt wurde und bei der herauskam, dass sie verfassungswidrig war, 20 geschenkte Lidl-BWL-Professuren an die TU München oder das für 7,5 Millionen Dollar von Facebook gekaufte Ethikinstitut an der TU München, die sich dadurch zum Marketing-Arm von Facebook erniedrigt. Auch bei Corona wurde viel mit industrieseitig beeinflussten Zahlen gearbeitet. Aber es gab noch einige weitere Fälle.

Kurz: Der Trend in Richtung gekaufte Forschung hat sich in den letzten Jahren deutlich verstärkt. Es geht bei dieser Frage nicht um eine Diskussion im „Elfenbeinturm Universität". Ganz im Gegenteil: Denn die Folgen von unseriöser Wissenschaft verspüren wir alle auf Schritt und Tritt im täglichen Leben: Glyphosat findet sich in der Muttermilch fast aller stillender Mütter und kann in fast sämtlichen Einwohnern Europas nachgewiesen werden. Die Verharmlosung von Dieselabgasen führt zu Zigtausenden lungenkranken Kindern, tausenden zusätzlichen Toten. Gekaufte Pharmaforschung bewirkt falsche Verschreibungen von Medikamenten. Manipulierte Lebensmittel-Studien fördern unsere Fehlernährung, führen beispielsweise zu übermäßigem Verbrauch von Zucker und anderen ungesunden Lebensmitteln. Das industrieseitig beeinflusste Herunterspielen von Ethikrisiken und dadurch bewirkte Verhindern oder Verzögern von gesetzlichen Maßnahmen im Medienbereich führt zu umso stärkeren Missbrauchsmöglichkeiten durch Facebook & Co. Und so weiter. Die Liste ist lang.

Was ich damit sagen will: Gekaufte Wissenschaft, Einflussnahme von Industriegeldern auf unsere öffentlich-rechtlichen Hochschulen schädigt uns alle tagtäglich. Es ist ein Thema, das uns alle angeht, bei weitem nicht nur die Wissenschaftler und Forscher. Deshalb richtet sich dieses Buch in erster Linie an interessierte Laien, an uns alle. Sein Zweck ist: Diese tagtäglichen Missbräuche der Wissenschaft zu Gunsten der Konzerngewinne und zu Lasten unserer Gesundheit zu stoppen. Dazu müssen wir die Methoden, Vorgehensweise, Wege und Ziele der Manipulatoren kennen. Das soll anhand einer Reihe von leicht verständlichen Fallbeispielen geschehen. Nach dem Motto „Problem erkannt, Problem gebannt" soll dieses Buch dazu beitragen, durch Aufdecken der Vorgehensweise und der schädlichen Auswirkungen auf uns alle dieser Fehlentwicklung entgegenzuwirken. Ungehemmte Drittmittelzunahme an unseren Hochschulen, wie wir sie seit Jahrzehnten erleben, ist ein Irrweg. Wissenschaft muss frei und unabhängig sein.

Deshalb kam es zu der Entscheidung, dieses Thema in Form eines Nachfolge-Buches erneut aufzugreifen. In einigen der geschilderten Fälle war ich persönlich einbezogen, deshalb ist auch die Schilderung streckenweise eine persönliche. Die Fallbeispiele beschränken sich auf Deutschland.

Dieses Buch ist ein Plädoyer für wirklich freie, unabhängige Wissenschaft, die sich an den echten Bedürfnissen der Menschen orientiert und nicht an den Geldinteressen einiger Weniger. Gewinnmaximierung und Wahrheit passen nicht zusammen. Es geht nur eines von beiden. Bei Wissenschaft geht es um Wahrheitsfindung. Wenn es bei gewinnmaximierenden Unternehmen einen Interessenkonflikt zwischen Wahrheit und Gewinn gibt, zieht die Wahrheit normalerweise den Kürzeren, wie der Dieselskandal und zahllose weitere Beispiele anschaulich zeigen. In der Wissenschaft hat Gewinnmaximierung nichts zu suchen, denn sie zerstört die unabhängige, freie Wahrheitssuche, indem sie Fragestellung, Methoden und Ergebnisse manipuliert.

Die Lösung des Problems wäre ungeheuer einfach. Zum einen: keine Industriegelder, bei denen es Interessenkonflikte zwischen Gewinn und Wahrheit gibt, an öffentliche Hochschulen. Zum anderen: statt staatliche Drittmittelfinanzierung der Hochschulen staatliche Grundfinanzierung. Das Geld ist ja da. Es wird aber durch politischen Dünkel und massiven Lobbyeinfluss meistens interessengeleitet verwendet. Die Politiker und Bürokraten glauben, besser zu wissen, worüber in unserem Land geforscht werden soll als die etwa 250.000 Forscher im Hochschul- und öffentlichen Bereich. Gebt uns Forschern die Mittel zur freien Themenwahl, statt über bürokratische, lobbybeeinflusste inhaltliche Vorgaben der Fragestellungen uns zu beeinflussen! Auftragsforschung und Antragschreiben ist der Tod aller freien Forschung.

Für mein Buch *Gekaufte Forschung* von 2015 bekam ich 20.000 Euro Drittmittel. Ich durfte damals den Geber nicht nennen. Heute darf ich es. Es war die Stiftung Hübner und Kennedy gGmbH, Agathofstr. 15, D-34123 Kassel. Ich war befreundet mit Margrit Kennedy, geborene Hübner, die die Stiftung mitbegründet hat. Margrit war eine großartige Frau, die leider viel zu früh gestorben ist. Sie hat sich jahrzehntelang als Vordenkerin für eine menschliche Geldordnung eingesetzt.

Teil I: Analyse und Hintergründe

Wie wirken sich Industriegelder und Industrieeinfluss auf Bildung aus?

Heute arbeiten hunderttausende Forscher hingebungsvoll in der Industrie, um unser Leben zu verbessern und menschlicher zu machen. Industrieforschung hat uns großartige Errungenschaften gebracht. Wir rackern uns nicht mehr hinter dem Ochsenpflug ab, schuften nicht mehr an Handwebstühlen und stehen nicht mehr 12 oder 14 Stunden pro Tag am Fließband. Wir haben elektrisches Licht, Zentralheizung, moderne Medizin, Wassertoiletten usw. usw. Die Liste der Segnungen, die uns die moderne Technik gebracht hat, ist schier endlos.

Warum also ein solch kritischer Blick auf Industriegelder, die in unser Bildungssystem fließen, oder gar Kritik an der Industrieforschung selbst?

Die Antwort ist einfach. Alle Dinge haben zwei Seiten. Man kann ein gesundes Gleichgewicht verletzen und dadurch mehr Schaden als Nutzen herbeiführen. Die Dosis macht das Gift. Das Gleichgewicht ist heute empfindlich gestört, die zu große Einseitigkeit schadet uns stark.

Von Big Tobacco gekaufte Wissenschaft führt zu Millionen von Zusatztoten

Ein Blick in die Tabakindustrie, deren Wissenschaftsskandale wirtschaftshistorisch gut aufgearbeitet sind, zeigt, wie sich Industrieforschung selbst pervertieren kann und wie Übergriffe der Tabakindustrie in das Bildungssystem Hunderttausende von Toten hervorrufen. Die Geschichte der Tabakindustrie zeigt beeindruckend, dass die Maxime „Gewinn geht vor Wahrheit" den Kerngedanken von Wissenschaft, die Wahrheitsfindung, nicht nur missbraucht, sondern geradezu zerstört und damit in enormem Ausmaß gesellschaftliche Schäden, Krankheit und Tod herbeiführt.[1]

Jahrzehntelang haben heimlich von der Tabakindustrie finanzierte Wissenschaftler an staatlichen Hochschulen systematisch Manipulationen wissenschaftlicher Ergebnisse vorgenommen. Die Ergebnisse wurden jedoch im Namen unabhängiger Wissenschaftler an unabhängigen staatlichen Hochschulen verkündet, um die Glaubwürdigkeit der Studien sicherzustellen. Dadurch konnte der Anschein erweckt werden, dass Rauchen und Passivrauchen kaum gesundheitsschädlich seien. In der öffentlichen Meinung und bei Politikern wurde so der Eindruck erweckt, dass kein dringender politischer Handlungsbedarf zum Schutz von Rauchern und Nicht- bzw. Passivrauchern bestehe. Die Verzögerungstaktik funktionierte. Jahrzehntelang konnten Rauchverbote, -einschränkungen und –verteuerungen verhindert werden. Das hatte enorme Gesundheitsschäden für dutzende Millionen von Rauchern und hunderte Millionen von Nicht- bzw. Passivrauchern zur Folge.

---

[1] Vgl. Kreiß 2015, Gekaufte Forschung, S.22ff.

Kurz: Einseitig (gewinn-)interessengeleitete Industrieforschung, die keinen „Checks and Balances" unterworfen wird, der keine ausgleichenden Gegenkräfte gegenüberstehen, kann sich leicht zum Schaden von uns allen entwickeln. Und wir sind schon längt in einer Forschungssituation, wo politisch und ökonomisch kein Gleichgewicht der Kräfte mehr vorliegt, sondern extreme Einseitigkeit herrscht, die noch dazu ständig zunimmt. Daher ist das Plädoyer dieses Buches nicht, Industrieforschung zu verteufeln. Im Gegenteil. Industrieforschung, richtig gehandhabt und in die richtigen gesellschaftlichen Bahnen gebracht, ist essentiell wichtig für unseren Wohlstand und für unsere Freiheit.

Die „General Motors Streetcar Conspiracy" (Die Straßenbahnverschwörung von General Motors)

Es gibt ein beeindruckendes wirtschaftsgeschichtliches Beispiel, das sehr gut zeigt, was passiert, wenn Industrieinteressen sich einseitig durchsetzen, ohne Checks and Balances, ohne ein gesellschaftliches Gegengewicht: die so genannte „General Motors Streetcar Conspiracy", die Straßenbahn-Verschwörung von etwa 1927 bis 1950.[2] Unter der Führung von Alfred P. Sloan, dem Chef von General Motors, taten sich mehrere Konzerne, die alle Interesse am Verkauf von Autos hatten, zusammen. Sie kauften systematisch Straßenbahnen auf und – legten sie still. So wurden in 45 US-Großstädten etwa 100 elektrisch betriebene Straßenbahnsysteme stillgelegt. Noch 1920 wurden in den USA 90 Prozent aller Wege mit Schienenverkehrsmitteln zurückgelegt. Es gab 70.000 Gleiskilometer, auf denen von etwa 1200 meist privaten Bahnsystemen pro Jahr mehr als 15 Milliarden Passagiere transportiert wurden. Beispielsweise hatte Los Angeles in den 1920er Jahren mit rund

---

[2] Vgl. zum Folgenden „Die Welt" vom 16.12.2015 https://www.welt.de/geschichte/article150014809/Gegen-diesen-Skandal-ist-VWs-Dieselgate-ein-Klacks.html vgl. auch wikipedia: https://en.wikipedia.org/wiki/General_Motors_streetcar_conspiracy

2000 Kilometern das größte Straßenbahnnetz der Welt. Heute nicht mehr. Das autofreundliche Kartell hat maßgeblich die Weichen zu Gunsten des Autoverkehrs und gegen den öffentlichen Verkehr gestellt – und damit die Konzerngewinne nachhaltig erhöht.

Die schädlichen Umweltwirkungen dieser konzerngelenkten Verkehrspolitik sind bis heute ungeheuer, die CO2-Bilanz ein Desaster. Mit Blick auf die heutigen Autoströme in den USA dürfte es einer der größten Umweltskandale der Menschheitsgeschichte und Alfred Pritchard Sloan (23. Mai 1875 - 27. Februar 1966) einer der größten Umweltverbrecher der Menschheitsgeschichte sein. Am Rande sei erwähnt, dass er auch als Erfinder oder maßgeblicher Treiber von geplanter Obsoleszenz gilt, die für Mensch und Umwelt ebenfalls verheerende Folgen hat.[3]

Das Ganze hat deshalb so atemberaubend gut funktioniert, weil die Regierungen bzw. überhaupt die Öffentlichkeit taten- und machtlos zugeschaut haben. Nicht einmal hinterher gab es nennenswerte Strafen oder Sanktionen. Das juristische und politische Signal war daher letztlich: Macht nur, Konzerne, holt raus, was geht, bereichert euch zu Lasten der Allgemeinheit! (Die Tabakindustrie hat das Signal gut verstanden). Die öffentliche Hand und die öffentliche Meinung haben tief und fest geschlafen. Es gab kein Gegengewicht, keine Checks and Balances whatsoever. Wir lernen daraus, dass das Interesse von gewinnmaximierenden Großkonzernen den Interessen der Allgemeinheit, der Umwelt und der Menschlichkeit diametral widersprechen kann und sollten daher grundsätzlich aufpassen und prüfen, ob und in welchem Ausmaß wir Einfluss der Großkonzerne auf gesellschaftliche und politische Entscheidungen haben wollen. Wir sollten nicht schlafen, was diese Entwicklungen betrifft. Das Aufwachen könnte dann sehr schmerzvoll und teuer werden. Dieses Buch soll aufwecken. Und sensibilisieren.

---

[3] Vgl. Kreiß 2014, Geplanter Verschleiß und https://en.wikipedia.org/wiki/Alfred_P._Sloan Stand 19.5.2020

Das Grundschema oder die Sechs-Schritte-Strategie ins Verderben

Die Tabakindustrie lieferte die Blaupause, wie man am besten vorgeht, um Wissenschaft systematisch zu kaufen und zu missbrauchen. Es sind sechs gut dokumentierte Schritte, um besonders erfolgreich zu sein:

1. <u>Auswahl besonders vielversprechender, industrienaher (Nachwuchs-) Wissenschaftler:</u> Suche Dir industrienahe Wissenschaftler, die die Weltanschauung der Konzerne teilen. Die gibt es immer. Bei Wissenschaftlern sind oft Ruf, Ansehen und Ehrgeiz oder Eitelkeit viel wichtiger als Geld und Macht. Wissenschaftler sind daher oft nicht besonders teuer.

2. <u>Fördern der besonders industrienahen Forscher:</u> Erhöhe die Bedeutung der handverlesenen Wissenschaftler durch großzügige Finanzierung ihrer Institute, fördere Kongressbesuche und unterstütze ihre Publikationen. Fördere ihre wissenschaftliche Reputation, so dass sie Meinungsführer werden.

3. <u>Maximale Intransparenz herstellen und/ oder Geheimhalten der Verbindungen zur Industrie:</u> Möglichst wenig Worte über die Verbindungen dieser Wissenschaftler zur Industrie verlieren, um nicht ihre Glaubwürdigkeit zu schwächen. In der Regel ist aber selbst dann, wenn es herauskommt, der Imageschaden minimal. Zu jedem Argument findet sich ein Gegenargument.

4. <u>Gewünschte Ergebnisse sicherstellen:</u> Über Manipulation und Datenmassage in Form von geeigneter Datenauswahl geht fast alles. Ergebnisse nur dann fälschen, wenn es gar nicht anders geht. Der Imageschaden bei offenen Fälschungen ist normalerweise minimal. Kunden und die Öffentlichkeit haben ein kurzes Gedächtnis. Keine Sorge vor PR-Schaden.

5. <u>Confounder einführen und Fehlfährten legen</u>: Versuche mit möglichst vielen Studien vom springenden Punkt abzulenken und die Diskussion auf Nebenaspekte hinzuführen. Man nennt das „Confounder" bzw. Verwirrfaktoren einführen. Funktioniert praktisch immer.

6. <u>Verzögern politischer Gegenmaßnahmen, Paralyse durch Analyse</u>: Sorge für Gegenstudien, die Konfusion erzeugen und sage, die Wissenschaft ist sich noch nicht einig, es ist alles noch in der Diskussion und wir brauchen noch viel zusätzliche Forschung, bevor politische Entscheidungen über rechtliche Rahmenbedingungen getroffen werden können. Spiele auf Zeit. Man nennt das Verzögerungstaktik oder Paralyse durch Analyse.

Diese Sechs-Schritte-Strategie funktioniert erstaunlich gut. Fast alle Industriebranchen haben die Strategie schon vielfach angewandt. Sie funktioniert eigentlich immer. Ein Blick in die Industriebranchen heute zeigt: Die Strategie wird ganz oder teilweise praktisch überall und ständig angewandt: Big Food, Big Soda, Zuckerindustrie, Banken, Versicherungen, Pharmaindustrie, Chemieindustrie, Öl, Energie, Flugindustrie, Dieselskandal, Gesundheit, Kosmetik, Alkohol, Internet, Facebook, Amazon usw. usw. Bei genauerer Betrachtung erkennt man, dass das Schema praktisch flächendeckend angewandt wird. Hat man es einmal begriffen, ist es sehr leicht zu durchschauen. Man hat dann sehr häufig Aha-Erlebnisse.

Hintergrund

Ob Corona, Feinstaub-Grenzwerte, Diesel-Kat-Nachrüstung, Glyphosat, Zucker, Cholesterin, Kaffee, Medikamente, Impfungen, Weichmacher, Klimaerwärmung, Medienkonsum von Kindern: Über fast alle Lebensbereiche des Alltags werden mittlerweile teils erbitterte Meinungsschlachten geführt. Und praktisch immer wird die Wissenschaft als Kronzeuge ins Feld geführt. Gerade heute, in Zeiten von fake news, wäre daher eine objektive Wissenschaft wichtiger denn je. Was steckt hinter diesen Entwicklungen?

Der March for Science im April 2017

Am 22. April 2017 ereignete sich etwas sehr Ungewöhnliches: Mehr als eine Million Menschen, unter ihnen viele Wissenschaftler, gingen in über 450 Orten weltweit für die Freiheit der Wissenschaft demonstrieren. Das hatte es davor noch nie gegeben. Sie protestierten gegen entstellte, von der Politik missbrauchte Wissenschaft. Sie forderten stattdessen eine Wissenschaft, die auf Erkenntnissen beruht und dadurch der Öffentlichkeit dient. Die Protestierenden trugen Transparente mit sich mit Slogans wie: "Wissenschaft dient der Allgemeinheit" oder "Die Wahrheit erforschen rettet die Welt".

Was war geschehen? Wie kam es, dass so viele Wissenschaftler unzufrieden waren? Der Stanford-Professor Robert Proctor fasste es in folgende Worte: „Es gibt eine breite Wahrnehmung unter den Wissenschaftlern von Angriffen auf die Idee der Wahrheit, die der Wissenschaft heilig ist".[4]

Der Marsch der Forscher zielte auf den Missbrauch der Wissenschaft durch die Politik. Ausgelöst wurde er vor allem durch Donald Trump. Der Protest war nur zu berechtigt. Die Geschichte zeigt, wie Diktatoren und Autokraten die Freiheit der Forschung ihren zerstörerischen Zielen opfern. Aber auch heute ist diese Verletzung der Wissenschaftsfreiheit durch Politiker weitverbreitet und vor allem: Sie nimmt rasant zu.

Die Freiheit der Wissenschaft wird aber nicht nur durch Übergriffe von Politikern, sondern auch von Absatz- und Finanzinteressen bedroht. Und das ist Gegenstand des vorliegenden Buches. In den öffentlichen Medien-Diskussionen entscheiden immer häufiger die wissenschaftlichen Ergebnisse, die ins Feld geführt werden. Und so tobt ein immer stärker werdender Kampf um Wissenschaft und Glaubwürdigkeit.

---

[4] Washington Post April 22, 2017

Aus „Im Namen Gottes" wurde „Im Namen der Wissenschaft"

Hintergrund für diesen Kampf ist eine dramatische geistige Wende in den letzten vielleicht 120 Jahren. Im 19. Jahrhundert war der Einfluss von Religion, Normen und Tradition unvergleichlich viel größer auf Gesetzgebung, Wirtschaft und das Alltagsleben als heute. Im dem Maße, in dem der Einfluss der traditionellen Werte und der Kirchen unter der Wucht des heraufziehenden materialistisch-naturwissenschaftlichen Weltbildes zerschlagen wurde, in dem Maße wuchs die Bedeutung der Wissenschaft. Sie blieb zuletzt weitgehend das letzte Fundament, auf das sich die verschiedenen gesellschaftlichen Gruppen über Weltanschauungs-, politische oder religiöse Differenzen hinweg noch verständigen konnten. Viele Gesetze, Regelungen oder Richtlinien brauchen heute zwingend eine Begründung durch die Wissenschaft. Wir sehen eine bahnbrechende, säkulare Wende. Aus: "Im Namen Gottes" wurde: "Im Namen der Wissenschaft". In den letzten vier bis sechs Generationen stieg die Bedeutung der Wissenschaft in einem Ausmaß, das vorher in westlichen Gesellschaften undenkbar war.

Aber gerade der phänomenale Siegeszug des materialistisch-naturwissenschaftlichen Denkens birgt die größte Gefahr gerade für die Wissenschaft selbst. Denn rein als Methode kann sie auf alles und jedes angewandt werden. Als Methode ist sie nur ein Instrument und kann als solches instrumentalisiert werden für beliebige Zwecke. Diktatoren und Autokraten können dieses Denken zum Bau von Brücken und Panzern benutzen. Konzerne können sie für ihre Zwecke missbrauchen. Und so birgt gerade der Epoche machende Siegeszug dieser Denkungsart die größten Gefahren für ihren Missbrauch.

So musste dieser umwälzende Jahrhunderttrend in einen Kampf um die Inhalte führen. Und so wurde schließlich mit etwas Verzögerung der Machtkampf in das Herz der Wissenschaft getragen, in die Universitäten selbst.

Für gewinnorientierte Großunternehmen bedeutet das, in die Meinungsbildungskette, in den Geist so früh wie möglich einzugreifen, beispielsweise durch gesponserte Materialien für Schulen oder die gezielte Förderung bestimmter Wissenschaftler an bedeutenden Universitäten. Das ist sozusagen deep marketing. Einflussnahme auf die Wissenschaft wird systematisch in die Marketing-Strategie der Konzerne einbezogen.

Diesem unheilvollen Trend kann man nur Einhalt gebieten, indem man die Zentren freier Wissenschaft so stark schützt wie möglich, sie so unabhängig und frei wie irgend möglich von allen externen Übergriffen – sowohl durch Politiker wie durch Konzerne - macht. Wir brauchen freie und unabhängige Hochschulen. Um dem Problem wirksam entgegenwirken zu können, müssen wir es aber erst erkennen bzw. diagnostizieren. Dazu will dieses Buch einen Beitrag leisten, indem die Wege aufgezeigt werden, wie Wissenschaft zunehmend durch Konzerne missbraucht wird. Erst wenn wir die Wege und Methoden kennen, können wir ihnen wirksam etwas entgegenstellen.

Sind Industriegelder für die Bildung immer schlecht? Von echten und interessegeleiteten Mäzenen

Echtes Unternehmertum und Rentenkapitalismus

Selbstverständlich gab und gibt es wundervolle, selbstlose Mäzene, die Bildung und Kunst einfach als Herzensanliegen fördern wollen. Unternehmer sind keine Bösen. Ich bin großer Anhänger von Entrepreneurship-Kapitalismus und finde Unternehmer, die die Welt voranbringen, große klasse. Ich halte jedoch Rentenkapitalismus, bei dem es fast nur mehr um rent-seeking geht, nicht mehr um Unternehmertum, nicht nur für falsch, sondern sogar für schädlich.[5] Bei Rentenkapitalismus oder assets under management, bei fremdverwalteten Vermögen und den allermeisten Börsen- und Futuresgeschäften geht es meist nur mehr um Jagd nach Rendite. Der Anleger bei Kapitalsammelstellen weiß normalerweise gar nicht mehr, wo sein Geld investiert ist, sondern hält nur mehr die Hand, bzw. das Girokonto auf, egal, wo die Rendite herkommt. Der Geldgeber verbindet sich dabei nicht mehr mit dem Unternehmen, kennt nicht die Mitarbeiter, die Produkte, die Lieferanten, die Kunden usw. Das halte ich für schlecht und das wird, wenn es nicht eingedämmt wird, unsere Wirtschaft in eine schlimme Krise treiben.[6]

Den allermeisten echten Unternehmern geht es nicht um maximale Gewinne, sondern um die Sache. Bei börsennotierten Großkonzernen geht es aber nur mehr um maximale Rendite. Das ist ein großer Unterschied.[7] Daher kann man davon ausgehen, dass Konzerngelder, die als „Spende", „Schenkung" oder als „Zuwendung" aus dem Unternehmen fließen, <u>niemals</u> selbstlos sind, sondern <u>immer</u> einen Zweck verfolgen,

---

[5] Vgl. Kreiß 2019, Mephisto
[6] Vgl. Kreiß 2013, Profitwahn
[7] Vgl. Kreiß/ Siebenbrock 2019, BWL

nämlich Rendite zu machen, zumindest für PR zu sorgen und dadurch indirekt den Absatz anzukurbeln. Der Vorstand eines börsennotierten Unternehmens kann sich nicht leisten, Geld zu verschenken. Da würde er bei der nächste0n Hauptversammlung schnell geschasst.

Drittmittel sind nicht gleich Drittmittel

Drittmittel „sind für den vom Geldgeber bestimmten Zweck zu verwenden und nach dessen Bedingungen zu bewirtschaften" (§ 25 Absatz 4 Hochschulrahmengesetz (HRG))

Wir sollten also genau hinschauen, woher Geld fließt und welche Absicht damit verfolgt wird. Zuerst müssen wir aber den Begriff klären. Gemäß Paragraf 25 Absatz 1 Hochschulrahmengesetz (HRG) sind <u>Drittmittel</u> solche Gelder, „die nicht aus den der Hochschule zur Verfügung stehenden Haushaltsmitteln, sondern aus Mitteln Dritter finanziert werden". Es sind also Gelder, die nicht von den öffentlich-rechtlichen Trägern als Grundfinanzierung an die Hochschulen überwiesen werden, sondern von anderen Geldgebern. Außerdem steht in Paragraf 25 Absatz 4 HRG: „Die Mittel <u>sind</u> für den vom Geldgeber bestimmten Zweck <u>zu verwenden</u> und <u>nach dessen Bedingungen zu bewirtschaften</u>".[8]

Das ist ein bemerkenswerter Satz. Nochmal mit eigenen Worten: Drittmittel müssen für den vom Geldgeber bestimmten Zweck verwendet werden und nach den Bedingungen des Geldgebers bewirtschaftet werden. Das liest sich so, als ob eine inhaltliche Einflussnahme durch private Geldgeber, beispielsweise auf die Forschungsfrage oder auf die Forschungsergebnisse, nicht nur gesetzlich erlaubt, sondern sogar vorgeschrieben ist. Und so ist es auch. Einfluss privater Geldgeber auf Forschung an staatlichen deutschen Hochschulen ist also gesetzlich nicht

---

[8] https://www.gesetze-im-internet.de/hrg/__25.html Stand 20.5.2020. Hervorhebung CK

nur erlaubt, sondern sogar vorgeschrieben – es sei denn der Geldgeber verzichtet freiwillig darauf (§ 25 Abs.4 Satz 3 HRG).

Drittmittel sind nicht gleich Drittmittel. Nicht alle Drittmittel sind falsch oder gar schlecht. Bei Drittmitteln aus börsennotierten Großkonzernen wäre ich aber grundsätzlich vorsichtig.

Beispiele für echtes Mäzenatentum durch Unternehmer

Ernst Abbe und die Carl-Zeiss-Stiftung

1889 gründete der genialer Forscher und Unternehmer Ernst Abbe die Carl-Zeiss-Stiftung. Er war damals Eigentümer des Unternehmens und hatte es nach der Übernahme von Carl Zeiss zu enormem Wachstum und Erfolg geführt. Über die Motive für die Stiftung kann man nur mutmaßen. Aber es gibt eine bewegende Stelle aus der Jugendzeit des 1840 geborenen Ernst Abbe: „Bis Anfang der 50er Jahre hat der Vater [von Ernst Abbe] 14 bis 16 Stunden lang täglich zu arbeiten. Ernst wechselt sich mit seiner Schwester Sophie darin ab, dem Vater das Essen im Kochgeschirr zu bringen [...]. So erlebt der Junge, wie sein Vater oft, an eine Maschine gelehnt, in aller Hast das mitgebrachte Essen herunterschlingt und sofort weiterarbeitet, nachdem er das geleerte Geschirr dem Kind zurückgegeben hat. Der erwachsene Abbe berichtet über diese Zeit, dass infolge des kräftezehrenden Arbeitslebens der Vater mit 48 Jahren bereits in Haltung und Aussehen wie ein Greis wirkte. Kollegen von weniger robuster Konstitution ereilte dieses Schicksal bereits mit 38 Jahren."[9]

„Aus solchen Schilderungen kann man erahnen, welche Motive Ernst Abbe dazu bewogen haben mögen, später als steinreicher Mann diesen Reichtum mit anderen teilen zu wollen und eine Stiftung zum Wohle der

---

[9] Dörband/ Müller 2005, S.26f.

Mitarbeiter, der Wissenschaft und der Umgebung von Zeiss einzurichten, statt das Vermögen allein für sich und seine Familie zu behalten."[10] Ernst Abbe war so selbstlos, dass er nicht einmal seinen Namen für die Stiftung verwendete, sondern den Namen des ursprünglichen Unternehmensgründers. Bis heute glauben die meisten Menschen irrtümlich, dass die Stiftung auf Carl Zeiss zurückgeht.

Emil Molt und die Waldorfschulen

Mit Geldern des Industriellen Emil Molt wurde 1919 die erste Waldorfschule begründet. Heute gibt es über 1100 davon, es ist die größte Privatschulorganisation der Welt. Der Name kommt von der Waldorf-Astoria-Zigarettenfabrik, die Emil Molt gehörte. Aber an den Waldorfschulen ist nie Reklame für Zigarren oder Zigaretten gemacht worden. Emil Molt hat seine Gelder völlig in den Dienst der Sache gestellt und keine Rendite-Zwecke damit verfolgt. Als es nach 1933 darum ging, Vertreter des Nationalsozialismus oder nationalsozialistisches Gedankengut in die Schulen einzulassen, weigerte sich Emil Molt. Er schrieb in einem Brief 1935: Die Verantwortung „verpflichtet uns, die geistigen Grundlagen dieser Pädagogik rein zu halten. Würden wir sie verleugnen, so würden wir nicht nur unwahr werden, sondern würden die Schule selbst schädigen und zerstören."[11] Emil Molt waren Freiheit und Unabhängigkeit der Schulen so wichtig, dass er sie lieber schließen als externen Einflüssen nachzugeben. Und so wurden die Waldorfschulen unter den Nazis auch verboten und geschlossen.

Zweifelhafte Geldgeber

John Pierpont Morgan und die Weltwirtschaftskrise von 1907

---

[10] Kreiß/ Siebenbrock 2019, BWL S.209f.
[11] Brief von Emil Molt und Fritz Graf von Bothmer 1935, Esterl, S.223f.

Nach Schilderung von drei Zeitzeugen hat John Pierpont Morgan mit seinem mächtigen Bankenimperium den Finanzcrash von August bis Oktober 1907 und die anschließende schlimme Weltwirtschaftskrise bewusst und vorsätzlich herbeigeführt.[12] Dadurch konnte er missliebige Konkurrenten ausschalten und sich enorm bereichern, indem er im Tiefpunkt der Krise billig konkurrierende Unternehmen aufkaufte. Mit Erfolg: 1913 kontrollierten JP Morgan und Rockefeller 341 Großunternehmungen bzw. 20% des US- Volksvermögens.[13]

Trotzdem wird JPMorgan bis heute in der gängigen Geschichtsschreibung ganz überwiegend als Wohltäter und Retter aus der Finanzkrise von 1907 geschildert.[14] Wie kann das sein? Das liegt zum einen daran, dass er am 24.Oktober 1907, als die Finanzkrise in eine Depression abzugleiten drohte, einen Kredit über 10 Millionen Dollar an die US-Regierung organisierte (mit einem sehr hohen Zinssatz). Dadurch gilt er bis heute als „Retter des Vaterlandes". Interessant. Ein Mensch, der ein ganzes Land, ja die ganze damalige westliche Welt in eine ungeheure Krise stürzt, wird dann zum Retter daraus umbenannt.[15]

---

[12] Vgl. Kreiß 2013, Profitwahn S.101-104 und, aktueller: https://www.heise.de/tp/features/Die-Corona-Angst-und-die-kommende-Wirtschaftsdepression-4693816.html Stand 19.5.2020

[13] Kinder, Hermann und Hilgemann, Werner: dtv-Atlas zur Weltgeschichte, Band II, 14. Auflage 1979, München, S.217

[14] Vgl. Bruner, Robert F. und Carr, Sean D., The Panic of 1907. Lesson's Learned from the Market's Perfect Storm, Hoboken, New Jersey 2007. Auch die Einträge zur Person John Pierpont Morgan auf Wikipedia sind sehr interessant, v.a. der englischsprachige, der an Lobhudelei und Einseitigkeit [Stand 2013] kaum zu überbieten war, während sich im deutschsprachigen Wikipedia-Eintrag zu John Pierpont Morgan durchaus auch kritische Hinweise zu seiner möglichen Verursacher-Rolle während der Finanzkrise von 1907 fanden

[15] https://www.heise.de/tp/features/Die-Corona-Angst-und-die-kommende-Wirtschaftsdepression-4693816.html Stand 19.5.2020

Zum anderen hat John Pierpont Morgan einen Teil seines Geldes gezielt als <u>Mäzen</u> eingesetzt. Er trat stark als Wohltäter in der Öffentlichkeit auf, indem er seine Episkopal-Kirche, Schulen und Spitäler unterstützte, Universitäten Zuwendungen zukommen ließ sowie als feinsinniger Kunstliebhaber auserlesene Kunst- und Buchsammlungen anlegte und später der Öffentlichkeit stiftete. Doch woher stammten die finanziellen Mittel für seine Wohltätigkeit? Aus einem „Gaunerstreich".[16] Diese einseitige Geschichtsdarstellung verzerrt die Wirklichkeit bis heute massiv zu Gunsten des Großvermögensbesitzers. Das dürfte stark an den Zuwendungen Morgans an die Universitäten liegen. So beeinflusst man langfristig die Geschichtsschreibung am wirksamsten.

Kurz: Man kann Mäzenatentum auch dazu nutzen, von eigenen Verbrechen abzulenken[17] und sich stattdessen als Wohltäter feiern zu lassen. Geld an Universitäten zu „schenken" kann daher mit die beste Geldanlage überhaupt sein. Das Mäzenatentum und die Spenden an Universitäten durch Morgan dürften dazu beigetragen haben, dass beispielsweise eine solche Farce von einem Buch entstehen konnte wie das der beiden US-Ökonomen Prof. Dr. Robert F. Bruner (Jahrgang 1949) und Dr. Sean D. Carr (Jahrgang 1969), die 2007 das Buch "The Panic of 1907. Lesson's Learned from the Market's Perfect Storm" veröffentlichten. Das Buch hat ist ungefähr so ehrlich wie eine VW-Studie über Dieselabgase oder eine wissenschaftliche Untersuchung von Facebook über Wirtschaftsethik.

Geldflüsse in Universitäten können langfristig gesehen die lukrativsten Investitionen mit den höchsten Renditen überhaupt sein.

---

[16] Unruh, S.228

[17] Vgl. dazu auch die sehr interessante Biographien Sammlung von Myers, Gustavos, Historie of The Great American Fortunas, Volition, Chicago 1910, S.203-311

Alfred Pritchard Sloan jr. (1875-1966) als Philanthrop

Der oben erwähnte frühere Chef von General Motors, der sowohl maßgeblich dafür verantwortlich war, dass Straßenbahnlinien in den USA massenweise stillgelegt wurden und dass geplanter Verschleiß in großem Umfang in die Welt kam, trat ebenfalls stark als Philanthrop auf. "Noch zu Lebzeiten setzte er sich für Wissenschaft und Forschung ein, schuf die Alfred P. Sloan Foundation und rief das Sloan Fellows Programm ins Leben", lesen wir bei Wikipedia.[18] Die Sloan Foundation verwaltete 2015 beachtliche 1,77 Milliarden Dollar Stiftungskapital.[19] Nun, Geld stinkt nicht, pecunia non olet, wie schon die Römer zu sagen pflegten. Ich gehe davon aus, dass die vergleichsweise wohlwollende Darstellung von Alfred Sloan auf Wikipedia und die meiner Empfindung nach relativ wohlwollende Wahrnehmung Sloans in der Öffentlichkeit oder bei Kollegen auch damit zu tun hat, dass er viel Geld für Philanthropie zur Verfügung gestellt hat. Dadurch hat er vermutlich erfolgreich von seinen Umweltverbrechen abgelenkt.

Drittmittelkategorien

Ich möchte versuchen, Drittmittel mit dem folgenden Schema zu kategorisieren.

Erstens: Echte Philanthropie, Schenkungen an Hochschulen aus Liebe zur Wissenschaft, als echter „Menschenfreund"

Der Begriff Philanthropie kommt von den beiden griechischen Worten Philos = Freund und Anthropos = Mensch.

Unternehmer

---

[18] https://de.wikipedia.org/wiki/Alfred_P._Sloan Stand 19.5.2020
[19] https://de.wikipedia.org/wiki/Alfred_P._Sloan_Foundation Stand 19.5.2020

Das können Unternehmer sein, wie die oben erwähnten Emil Molt oder Ernst Abbe, vielleicht auch Andrew Carnegie, von dem der Spruch stammt: „Der Mann, der reich stirbt, stirbt in Schande."[20] Es gibt sicherlich zahllose Unternehmer, die echte Philanthropen waren.

Stiftungen

Es gibt aber auch zahllose Stiftungen, die wirklich philanthropische Zwecke verfolgen. Ich würde die Bosch Stiftung, die Carl-Zeiss-Stiftung, die Mahle-Stiftung, die Zeppelin-Stiftung (ZF Friedrichshafen) und viele viele mehr dazuzählen.

Gelder aus diesen Quelle können normalerweise eine wunderbare Ergänzung für freie Forschung sein.

Zweitens: Interessengeleitetes, zweckgerichtetes Geldgeben an Hochschulen

Börsennotierte (Groß-) Unternehmen

Zu dieser Kategorie würde ich grundsätzlich alle börsennotierten Großunternehmen zählen. Denn diese müssen ihre Gewinne maximieren und können es sich daher normalerweise gar nicht leisten, Geld in irgendwelcher Form zweckfrei zu verschenken. Hier wäre ich grundsätzlich sehr skeptisch. Mit solchen Geldern wird immer ein Zweck verfolgt. Freie, ergebnisoffene, zweckfreie Forschung ist damit meiner Einschätzung nach einfach nicht möglich.

Konzernnahe Stiftungen und Lobbyverbände

---

[20] „The man wo dies thus rich dies disgraced", Andrew Carnegie, The Gospel oft Wealth and Other Timely Essays, New York 1900, S.19, oder: https://de.wikipedia.org/wiki/Andrew_Carnegie Stand 20.5.2020

Es gibt aber nicht nur Konzerne, die interessegeleitete Gelder in Hochschulen lenken, um dort ihre Zwecke zu erreichen, sondern auch viele konzernnahe Stiftungen oder Lobbyverbände wie Arbeitgeber- oder Industrieverbände. Man muss also ganz genau hinschauen, welche Stiftung mit welchem Zwecke welche Gelder gibt und wer genau hinter der Stiftung oder dem Verband mit welchen Absichten steht. Das ist oft gar nicht einfach herauszubekommen, denn hier wird oft mit Absicht mit maximaler Intransparenz gearbeitet und so stark verschleiert wie möglich. Man will ja gerade im Trüben fischen und verbrämt das gerne mit schönen Worten wie „dem Allgemeinwohl/ der Wissenschaft/ dem Fortschritt/ der Zukunft/ der Gesundheit/ dem Wohle unserer Kinder verpflichtet" und anderen Phrasen oder Floskeln.

Gelder aus dieser zweiten Kategorie sind der <u>Tod aller freien, unabhängigen Forschung</u>. Sie gehören meiner Meinung nach schlichtweg <u>nicht</u> an öffentliche Hochschulen, weil sie Forschung korrumpieren wollen und sollten daher gemieden werden. Praktisch alle Wissenschaftsskandale aus der Hochschulgeschichte gehören dieser zweiten Kategorie an.[21]

Drittens: Mischformen

Es gibt nicht nur schwarz und weiß, sondern ganz viele Zwischentöne. Stiftungen können aus ganz verschiedenen Motiven gegründet werden. Sie können, um Steuern zu sparen und das eigene Vermögen in Sicherheit vor dem Fiskus zu bringen oder auch um wirklich das Allgemeinwohl zu fördern, ins Leben gerufen werden. Viele wollen auch beides. Das ist von außen nicht immer leicht zu erkennen. Dann gibt es auch noch politische Stiftungen und alle möglichen Verbände. Wie soll man die einordnen? Die grauen und schwarzen Schafe versuchen natürlich, die Gemeinwohlorientierung in den Vordergrund zu stellen und die egoistischen Absichten zu verschleiern. Es hilft nichts: Man muss jeden Einzelfall konkret ansehen. Ein Pauschalverdacht ist ebenso falsch

---

[21] Vgl. Kreiß 2015, Gekaufte Forschung und die Fallbeispiele in diesem Buch

wie pauschales Gutheißen. Gute Indikatoren für mich sind: Wie transparent sind die Organisationen? Je transparenter, v.a. was die Geldflüsse anlangt, desto besser. Ein zweiter guter Indikator für mich ist die Gewinnorientierung. Stehen hinter den Organisationen große, gewinnorientierte Konzerne? Dann dürfte keine Gemeinwohlorientierung vorliegen.

Die Forschungslandschaft in Deutschland

Im Jahr 2018 beliefen sich die gesamten Forschungsausgaben in Deutschland auf etwa 105 Milliarden Euro. Davon entfielen 72,1 Milliarden Euro oder etwa 68,8 Prozent auf Forschungsausgaben im Wirtschaftssektor, 18,6 Milliarden Euro oder etwa 17,7 Prozent auf die deutschen Hochschulen und 14,2 Milliarden Euro oder 13,5 Prozent auf den öffentlichen Bereich und private Institutionen ohne Erwerbszweck.[22] Hier ein Schaubild des Statistischen Bundesamtes dazu[23]:

---

[22] Statistisches Bundesamt, 2020 (erschienen 24.2.2020), Finanzen und Steuern, Fachserie 14, Reihe 3.6, S.10
[23] Statistisches Bundesamt, 2020 (erschienen 24.2.2020), Finanzen und Steuern, Fachserie 14, Reihe 3.6, S.9

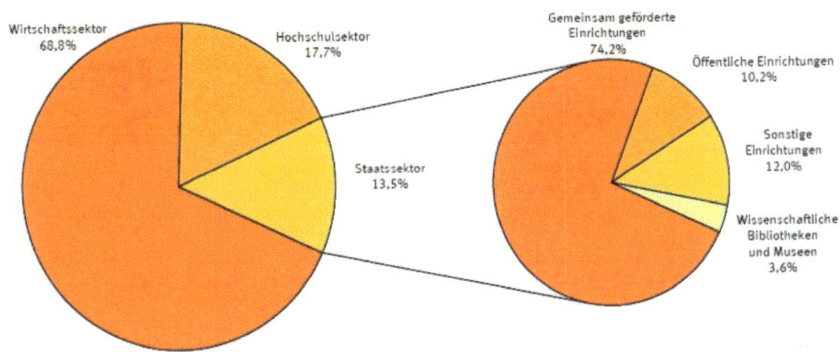

Forschungsausgaben in Deutschland 2018 nach Sektoren

Das sind bemerkenswerte Zahlen. Die deutsche Forschungslandschaft ist stark industriedominiert. Von der Ausgabenseite her finden deutlich über zwei Drittel (fast 69 Prozent) der gesamten Forschung im Wirtschaftssektor statt. Dabei ging der Anteil der öffentlichen Haushalte in jüngster Zeit auf unter ein Drittel zurück (siehe Schaubild „Aufwendungen für Forschung und Entwicklung in Deutschland in Prozent des Bruttoinlandsproduktes)". Der Bundesverband der Industrie (BDI) etwa fragte Ende 2019, wie der Staat wieder auf seinen früheren Anteil von einem Drittel kommen wolle und auch der Leiter des Instituts der deutschen Wirtschaft (IdW) forderte eine Erhöhung der staatlichen Forschungsausgaben.[24]

---

[24]   Handelsblatt.com   28.11.2019:   https://www.handelsblatt.com/politik/deutschland/innovationen-neuer-rekord-bei-forschungsausgaben/25274536.html?ticket=ST-1323273-KwzDkvzxxh1YzfC3xcOG-ap2

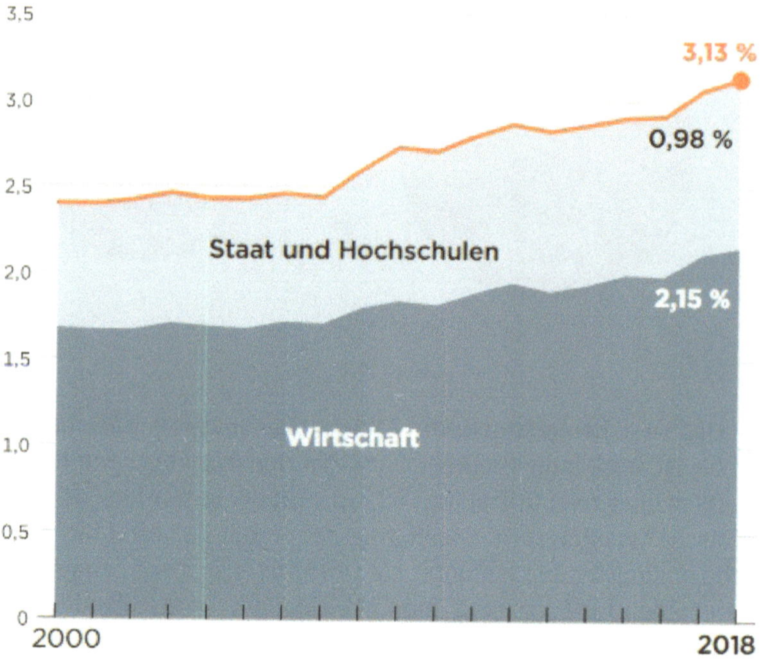

Um nicht nur zu zeigen, in welchem Sektor geforscht wird, sondern auch einen ersten Hinweis auf die Finanzierung zu geben, hier noch ein weiteres Schaubild zur deutschen Forschungslandschaft für das Jahr 2015:[25]

---

[25] DFG Forschungsatlas 2018 S.22

Finanzierung der deutschen Forschung 2015 nach Mittelherkunft

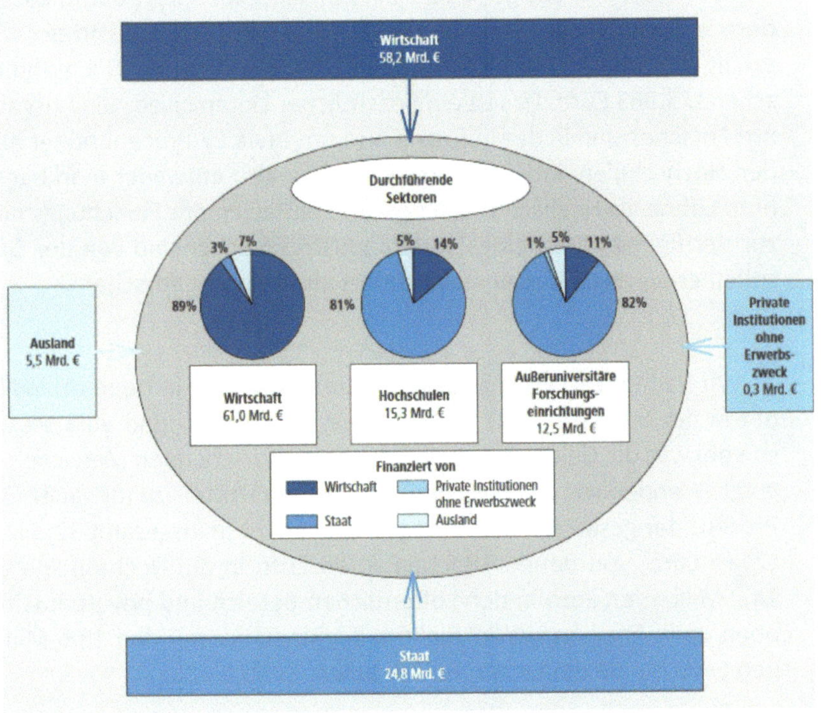

Wenn man den Blick statt auf das Geld auf die forschenden Menschen wirft, zeigt sich ein ähnliches Bild. Im Jahr 2018 forschten in Deutschland offiziell 707.944 Menschen (Vollzeitäquivalente). Davon waren 451.057 oder 63,7 Prozent im Unternehmensbereich beschäftigt, 147.400 bzw. 20,8 Prozent an Hochschulen und 109.487 oder 15,5 Prozent im öffentlichen Bereich und privaten Institutionen ohne Erwerbszweck.[26] Von der Personalseite entfallen also knapp zwei Drittel

---

[26] Statistisches Bundesamt, 2020 (erschienen 24.2.2020), Finanzen und Steuern, Fachserie 14, Reihe 3.6, S.11

auf Industrieforschung. Der Grund dafür, weshalb der Anteil der Industrie bei Personal niedriger ist als bei den Ausgaben liegt darin, dass Industrieforscher mehr Geld pro Kopf bekommen. Ein Industrieforscher erhält pro Jahr im Durchschnitt etwa 159.849 Euro, ein Hochschulforscher 125.963 Euro. Das ist ein beachtlicher Unterschied. Die Ausgaben pro Forscher sind in der Industrie also um etwa 27 Prozent höher als in den Hochschulen. Industrieforscher haben also entweder merkbar höhere Löhne als Hochschulforscher oder einfach mehr Forschungsmittel zur Verfügung oder beides. Kurz: Industrieforscher sind von der Geldseite her merklich besser ausgestattet als Hochschulforscher.

Wir halten fest: Etwa zwei Drittel der Forschung in Deutschland findet in der Industrie statt, ein Drittel im Hochschul- und Staatssektor, sowohl was die Geldseite, wie auch was die forschenden Menschen anlangt. Wenden wir uns nun dem „staatlichen Drittel" zu (genauer: 31,2 Prozent der gesamten Forschungsausgaben), den insgesamt 32,6 Milliarden Euro, von denen 18,6 Milliarden Euro in die Hochschulen und 14,2 Milliarden Euro in den „öffentlichen Bereich und private Institutionen ohne Erwerbszweck" fließen. Beginnen wir mit den 18,6 Milliarden Euro für die deutschen Hochschulen.

Hochschulfinanzierung

„Hochschulfinanzierung: Universitäten zu 50 Prozent aus Projekt- und Drittmitteln finanziert … Zum anderen ist die Abhängigkeit der Universitäten von Drittmitteln deutlich gestiegen. Allein in der letzten Dekade hat sich ihr Drittmittelanteil annähernd verdoppelt." (Forschung & Lehre April 2018)

Entwicklung der Forschungsfinanzierung an deutschen Hochschulen, Drittmittelquote

„Geforscht wird, was bezahlt wird: Wie das mit der grundgesetzlich verbrieften Freiheit von Forschung und Lehre zu vereinbaren ist, mag dahinstehen." (Forschung & Lehre Oktober 2018)

Die untenstehende Tabelle gibt Daten zur deutschen Hochschulfinanzierung wieder. Sie zeigt, wie sich die Ausgaben für Forschung und Entwicklung der deutschen Hochschulen, die Drittmittel und der Anteil der Drittmittel an der Forschungsfinanzierung entwickelt haben (Stand April 2020).[27] Drittmittel werden an den Hochschulen ganz überwiegend zu Forschungszwecken eingesetzt, kaum für die Lehre.[28] Daher sollte man, um den Einfluss von Drittmitteln auf die Hochschulen zu ermitteln, sie in Bezug zu den Forschungsausgaben der Hochschulen setzen, nicht in Beziehung zu sämtlichen Hochschulausgaben.

---

[27] Destatis, Bildung und Kultur, Finanzen der Hochschulen, Fachserie 11, Reihe 4.5, letzte Ausgabe 23.April 2020 sowie frühere Ausgaben, Reihen 4.3.2 und Bericht zur Lage der Hochschulen 2003, Drittmittelquote eigene Berechnungen

[28] Bereits 2003 schrieb das Statistische Bundesamt: „Bei der Verbuchung von Drittmitteln unterstellt die Hochschulfinanzstatistik bislang, dass diese ausschließlich der Durchführung von Forschungsprojekten zugutekommen. Schätzungen zu Folge werden rund 90 % der Drittmittel für die Forschung eingeworben. Gegenwärtig ist eine differenzierte Darstellung der Verwendung von Drittmitteln auch für Aufgaben der Lehre bzw. andere ständige Aufgaben der Hochschulen noch nicht möglich." Destatis 2003, S.52

Hochschulfinanzierung Milliarden Euro	F&E Ausgaben	Drittmittel	Drittmittel in Prozent aller F&E-Ausgaben
1980	2,9	0,6	20,7
1985	3,8	1,0	26,3
1990	5,0	1,5	30,0
1995	7,3	2,3	31,5
2000	8,1	3,0	37,0
2005	9,2	3,7	40,0
2010	12,7	5,9	46,5
2015	15,3	7,5	49,0
2016	16,6	7,5	45,2
2017	17,3	7,9	45,7
2018	18,6	8,3	44,6

Die Tabelle spiegelt spannende, tiefgreifende hochschulpolitische Veränderungen in der deutschen Forschungslandschaft wider. Wir sehen über eine Generation hin einen dramatischen Anstieg der Drittmittelquote, die sich in den 33 Jahren von 1980 (20,7 Prozent) bis 2013 (49,8 Prozent, diese Zahl ist wegen der 5-Jahres-Schritte nicht in die Tabelle aufgenommen) beinahe verzweieinhalbfacht hat. Im Spitzenjahr 2013 betrugen die Drittmittel praktisch die Hälfte aller Forschungsausgaben der Hochschulen in Deutschland. Seit 2013 sinkt der Drittmittelanteil wieder, auf zuletzt 44,6 Prozent im Jahr 2018.

In den letzten 40 Jahren fand ein grundlegender Wandel statt. Bis in die 1980er Jahre gab es ein absolutes Primat der steuerfinanzierten Grundausstattung in der Hochschulforschung. Drittmittel stellten lediglich eine Ergänzung, eine Nebenfinanzierungsquelle dar. Seit 1980 gab es eine tektonische Verschiebung. Heute sind Drittmittel eine beinahe gleichberechtige Finanzierungsquelle zu den öffentlich-rechtlichen Trägermitteln.

Was bedeutet der starke Anstieg für die Hochschulforscher in unserem Land? 1980 war der größte Teil der Hochschulforschung, etwa vier Fünftel, noch gänzlich frei in der Themenwahl. Hochschulforscher konnten Fragestellung, Forschungsagenda, Arbeitshypothese, Forschungsaufbau usw. völlig frei wählen. Heute nicht mehr. Heute wird beinahe die Hälfte der Forschungsfragen von außen, von Dritten, diktiert bzw. vorgegeben. Man kann sich als Hochschulforscher um diese Drittmittel bewerben, dann darf man genau über das forschen, was die Drittmittelgeber vorgegeben haben. Das ist keine freie, sondern fremdbestimmte Forschung.

Ein Artikel in der vom Deutschen Hochschulverband herausgegebenen Zeitschrift Forschung & Lehre brachte im Oktober 2018 diese Entwicklung gut auf den Punkt: „Fast könnte man glauben, der Staat traue seinen Wissenschaftlern nicht mehr zu, die richtigen Themen zu erkennen oder die richtigen Projekte zu identifizieren, deren Bearbeitung sich lohnt oder die aus übergeordneten Gesichtspunkten notwendig sind.

Wie sollte man sonst den unheimlichen Aufwuchs in der <u>Forschungsbü-rokratie</u> in den letzten Jahrzehnten erklären, die mittlerweile nahezu minutiös die zu beforschenden Themen und Objekte vorgibt."[29]

Kurz: Die fremdbestimmte Forschung an unseren Hochschulen hat dramatisch zugenommen. Von den etwa 150.000 Hochschulwissen-schaftlern heute kann also, von der Finanzseite her betrachtet, nur mehr gut jeder Zweite wirklich freie, unabhängige Forschung betreiben, während das 1980 noch vier von fünf Forschern konnten. Heute muss beinahe jeder zweite Hochschulforscher um Finanzierung betteln ge-hen.

Hintergründe

„Eine freiheitliche Gesellschaft benötigt eine emanzipiert ausgestat-tete Hochschulstruktur und nicht ein ständiges Schaulaufen und Bet-teln um Forschungsmittel." (Forschung & Lehre Oktober 2018)

Hauptursache für diese Entwicklungen war die chronische Unterfi-nanzierung der Hochschulen durch die Träger, die öffentliche Hand. Die Finanzierung durch Steuergelder hielt über viele Jahrzehnte nicht annä-hernd Schritt mit den Forschungsaufwendungen, so dass die Hochschul-

---

[29] „Standpunkt: Geforscht wird, was bezahlt wird", Bernhard Wolf 03.10.2018 in Forschung & Lehre: https://www.forschung-und-lehre.de/forschung/ge-forscht-wird-was-bezahlt-wird-1069/ Stand 1.6.2020. Hervorhebung im Origi-nal

forscher gezwungen waren, sich nach anderen Finanzquellen umzusehen.[30] Die Politiker haben uns Hochschulforscher über Jahrzehnte hinweg gezwungen, immer stärker bei Drittmittelgebern Gelder zu erbitten, um überhaupt noch angemessen forschen zu können.

Ohne Drittmittel läuft in der Hochschulforschung nicht mehr viel.
Das hat unter anderem dazu geführt, dass bereits bei den Stellenausschreibungen für neu zu besetzende Professorenstellen heute sehr häufig Erfahrung bei der Einwerbung von Drittmitteln erwünscht ist oder
vorausgesetzt wird.[31] Als ich meine Tätigkeit als Hochschullehrer 2002
begann, waren Drittmittel und Drittmitteleinwerbung noch etwas reichlich Exotisches. Heute nicht mehr. Heute wird auch bei uns, wie bei
praktisch allen anderen Hochschulen, bei Stellenausschreibungen häufig Drittmittelexpertise erwartet oder vorausgesetzt. Ich bin, wie fast
alle Kolleginnen und Kollegen, immer wieder an der Formulierung der
Stellenausschreibungen beteiligt und wehre mich regelmäßig gegen
den Passus „Erfahrung bei Drittmitteleinwerbung erwünscht oder erwartet". Das ist zwecklos. Es ist einfach gegen den Zeitgeist. Aber dieser
Zeitgeist ist nicht nur falsch, sondern schädlich.

---

[30] Zeitschrift Forschung & Lehre, 5.4.2018, Hochschulfinanzierung - Universitäten zu 50 Prozent aus Projekt- und Drittmitteln finanziert: https://www.forschung-und-lehre.de/politik/universitaeten-zu-50-prozent-aus-projekt-und-
drittmitteln-finanziert-500/: Die Grundfinanzierung der außeruniversitären
Forschung steigt, während die Universitäten zunehmend Drittmittel benötigen. Aktuelle Studienergebnisse: „Differenzierte Berechnungen zeigen, dass
die Hochschulfinanzierung durch die Länder in den Jahren von 1995 bis 2015
angesichts steigender Studierendenzahlen durchgängig unterproportional um
bis zu etwa 30 Prozent im Durchschnitt angestiegen ist und ein zunehmender
Teil der höheren Landesmittel durch den Bund kofinanziert wird. Dadurch hat
sich das Verhältnis von Grund- zu Drittmitteln beziehungsweise temporären
Einnahmen umgekehrt."
[31] Vgl. https://jobs.zeit.de/stellenanzeigen/position-professor/TA Stand
6.6.2020

Das Problem an der Sache: Für jede einzelne Hochschule ist es vorteilhaft, sich an dem Rennen um die Drittmittel zu beteiligen. Wer nicht mitmacht, verliert. Individuell, für die einzelne Hochschule, ist es also rational, bei dem Rattenrennen mitzumachen. Kollektiv ist es falsch. Ich verstehe jeden Hochschulrektor, der sich um möglichst viele Drittmittel bemüht. Er wird ja gerade dazu gezwungen.

Aber nicht nur die Rektoren. Ende letzten Jahres klagte mir ein Pharmakologie-Professor aus Freiburg in einem längeren Gespräch, dass auch er, wie zahllose Kollegen trotz massiver innerer Widerstände nun bald „in Basel zu Kreuze kriechen" werden müsse, bei den dort ansässigen Pharmakonzernen, weil ohne deren Gelder eine seriöse Forschung ehrlicherweise einfach nicht mehr darstellbar sei. In Basel sitzen ungewöhnlich viele Pharmaunternehmen, insbesondere Novartis, Roche, Syngenta und Lonza.

Zur Klarstellung: Ich persönlich bin nicht gegen Kooperationen von Hochschulforschern mit externen Forschern oder mit der Industrie. Im Gegenteil. Freier Austausch zwischen Wissenschaftlern ist in vieler Beziehung extrem befruchtend. Viele Ergebnisse werden nur in Kooperation mehrerer Forscher erzielt. Vier Augen sehen mehr als zwei, sechs oder acht Augen noch mehr.

Aber: Der Austausch muss auf Augenhöhe, zwischen gleichberechtigten Partnern stattfinden. Wenn der eine Partner, weil er Geld hat, dem anderen, weil er kein Geld hat, „vorschlagen", in Wirklichkeit vorgeben kann, worüber geforscht werden soll, dann ist das keine freie Kooperation und keine freie Forschung mehr.

Ein Gespräch mit Anton Hofreiter

Und so stellte sich mir die Frage, ob diese dramatische Zunahme des Drittmittelanteils seit 1980, die dazu führte, die Hochschulforscher beinahe zur Hälfte der Forschungsfreiheit zu berauben, politisch bewusst gewollt war. Im Sommer 2018 hatte ich zu dieser Fragestellung ein längeres persönliches Gespräch mit Anton Hofreiter.

Wir waren uns – wie in fast allen anderen Punkten auch - einig, dass in einer funktionierenden Demokratie nicht nur die klassische Gewaltenteilung in Legislative, Exekutive und Jurisdiktion notwendig ist, sondern dazu noch eine unabhängige Presse als vierte Instanz vorhanden sein sollte. Als fünfte Kraft im Staate brauchen wir ganz dringend, das war uns beiden völlig klar, eine freie, unabhängige Wissenschaft. Unabhängige Forscher sind elementar wichtig als Korrektiv für schlechte gesellschaftliche Entwicklungen. Freie, unabhängige Wissenschaftler sollten in einer funktionierenden Demokratie in der Lage sein, auf wissenschaftlicher Basis bestimmte politische oder gesellschaftliche Entwicklungen zu analysieren, zu hinterfragen und diese Fragen in die öffentliche Diskussion einzubringen. Ähnliches steht in der vom Deutschen Hochschulverband herausgegebenen Zeitschrift Forschung & Lehre: „Eine freiheitliche Gesellschaft benötigt eine emanzipiert ausgestattete Hochschulstruktur und nicht ein ständiges Schaulaufen und Betteln um Forschungsmittel."[32]

Anton Hofreiter antwortete auf die Frage, ob die dramatischen Freiheitseinschränkung der Hochschulwissenschaftler in den letzten 40 Jahren gewollt seien, sinngemäß: Eine freie, unabhängige Wissenschaft sei politisch nicht gewollt: „Die wollen doch keine unabhängige Wissenschaft, die freie, unabhängige Wissenschaft soll ausgeschaltet werden. Die ist viel zu unbequem."[33]

Das ist eine bemerkenswerte Aussage. Ein deutscher Spitzenpolitiker sagt, eine freie Wissenschaft sei zu unbequem und daher in unserem

---

[32] „Standpunkt: Geforscht wird, was bezahlt wird", Bernhard Wolf 03.10.2018 in Forschung & Lehre: https://www.forschung-und-lehre.de/forschung/geforscht-wird-was-bezahlt-wird-1069/ Stand 1.6.2020
[33] Wörtliches Zitat aus dem Gedächtnis, sinngemäße Wiedergabe

Land politisch nicht gewollt. Deshalb wurde ihr immer mehr der Geldhahn zugedreht. Die stark angestiegene Kastration unabhängiger Hochschulforschung ist demnach also kein Zufall und keine ungeplante Entwicklung, sondern Absicht.

Woher kommen die Drittmittel?

„…und drei Jahre Drittmittelfreiheit" [Endlich frei!] (Forschung &
Lehre März 2019)

Wie oben analysiert, sind Drittmittel nicht gleich Drittmittel. Werfen wir daher nun einen Blick auf die Drittmittelgeber. Das waren 2018 die DFG mit 2,775 Mrd. oder 33,3 Prozent, der Bund mit 2,296 Mrd. oder 27,5 Prozent, die gewerbliche Wirtschaft mit 1,505 Mrd. oder 18,1 Prozent, die EU mit 0,716 Mrd. oder 8,6 Prozent, Stiftungen und dergleichen mit 0,516 Mrd. oder 6,2 Prozent und die Bundesländer mit 0,137 Mrd. oder 1,6 Prozent.[34]

---

[34] Statistisches Bundesamt, Fachserie 11, Reihe 4.5, 2018 S.28

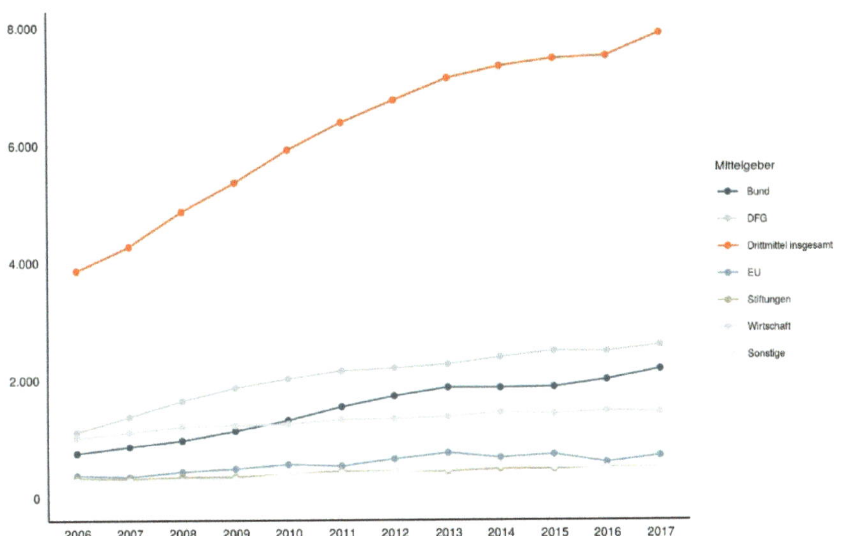

Das Schaubild zeigt, dass die Drittmittel insgesamt von 2006 bis 2017 deutlich gestiegen sind und dass insbesondere der Bund in diesem Zeitraum seine Zuwendungen stark erhöht hat. Die ganze betrachtete Zeit über ist und bleibt jedoch die DFG (Deutsche Forschungsgemeinschaft) größter Drittmittelgeber mit relativ konstant etwa 30 bis 33 Prozent Anteil an den Drittmitteln über die letzten Jahrzehnte.

---

[35] Stifterverband für die Deutsche Wissenschaft e.V., 2020: https://testgr4.shinyapps.io/DrittmittelAnHochschulen/ Stand 10.3.2020

Drittmittel nach Herkunft in Prozent[36]	2006	2018
Summe (in TEU)	3.855.212	8.334.266 (+116 Prozent)
Bund	19,4	27,5
Länder	2,4	1,6
DFG	28,8	33,3
EU	9,6	8,6
Stiftungen	8,5	6,2
Wirtschaft	26,2	18,1
Sonstige	5,1	4,7

Die Tabelle zeigt, dass sich die anteilige Herkunft der Drittmittel in den letzten 12 Jahren verschoben hat. Abgesehen von dem insgesamt starken Anstieg der Drittmittel insgesamt fällt auf, dass der Anteil der Bundesmittel um 8,1 Prozentpunkte gestiegen, der Anteil der Wirtschaftsgelder um 8,1 Prozentpunkte gesunken und der Anteil der DFG-Mittel um 4,5 Prozentpunkte gestiegen ist.

Drittmittel aus der gewerblichen Wirtschaft

„Die Gelder aus der Wirtschaft fließen über viele Kanäle, und die Grenzen zwischen Partnerschaft und Abhängigkeit sind dabei kaum auszumachen. Es gibt keine staatliche Universität in Deutschland, an der auf private Gelder verzichtet wird. Wirtschaftsunternehmen geben

---

[36] Destatis Fachserie 11 Reihe 4.5, diverse Jahrgänge, eigene Berechnungen

Von 2006 bis 2017 haben sich die Drittmittel aus der Wirtschaft folgendermaßen entwickelt:[38]

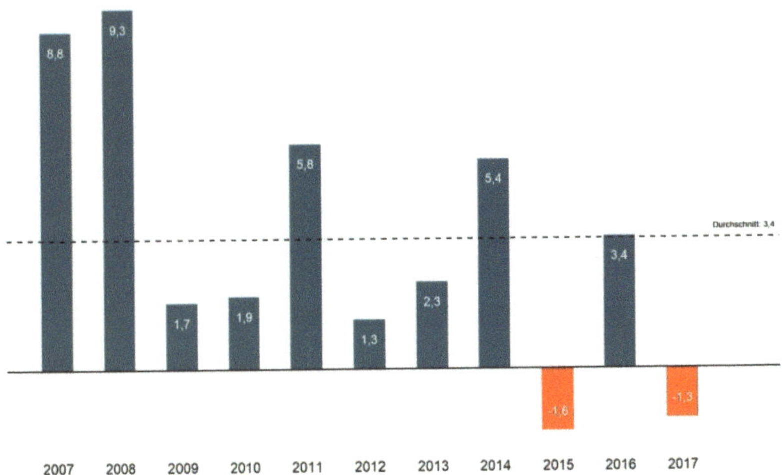

Das Schaubild des industrienahen Stifterverbandes zeigt, dass sich die Drittmittel aus der gewerblichen Wirtschaft im betrachteten Zeitraum im Durchschnitt um 3,4 Prozent pro Jahr erhöht haben, wobei 2015 und 2017 die Zuwendungen gesunken sind. 2018 erhöhten sich die Drittmittel aus der gewerblichen Wirtschaft gegenüber 2017 um 4,1 Prozent von 1,446 auf 1,505 Milliarden Euro. Die Drittmittel aus der Wirtschaft stiegen von 2006 bis 2018 unterproportional, sodass sich der Anteil der Drittmittel aus der Wirtschaft von 26,2 Prozent 2006 auf 18,1

---

[37] Zeit Campus März 2018
[38] Stifterverband für die Deutsche Wissenschaft e.V., 2020: https://testgr4.shinyapps.io/DrittmittelAnHochschulen/ Stand 10.3.2020

Prozent aller Drittmittel 2018 deutlich um 8,1 Prozentpunkte vermin-
derte. Mit anderen Worten: Der relative Einfluss von direkten Industriegeldern auf die Hochschulforschung hat deutlich abgenommen. Daraus abzuleiten, dass der Einfluss der Industrie auf die Hochschulforschung insgesamt abgenommen habe, ist jedoch falsch. Das Gegenteil
ist der Fall, wie im Folgenden gezeigt wird.

Drittmittel der öffentlichen Hand

Der Verminderung des Industrieanteils an den Drittmitteln um 8,1
Prozentpunkte steht eine Erhöhung des Drittmittelanteils von Bund,
Ländern und EU um 6,3 Prozentpunkte von 31,4 Prozent 2006 auf 37,7
Prozent der Drittmittel 2018 gegenüber. Die Vergabe der Drittmittel auf
Bund-, Länder- und EU-Ebene ist stark durch Industrielobbyverbände
beeinflusst, sodass der größte Teil dieser öffentlichen Mittel in Wahrheit nicht Bürger-, sondern Industrieinteressen dient.[39] Durch den gestiegenen Anteil der Staatsgelder in Form von Drittmitteln an die Hochschulen dürfte also auch der Einfluss der Industrie auf die Hochschulforschung deutlich gestiegen sein.

Dazu kommt: Einige Kollegen, die stark im öffentlichen Drittmittel-
bereich tätig sind, berichteten mir, dass bei der Gewährung staatlicher
Drittmittel häufig die Auflage gemacht werde, sich einen industriellen
Partner zu suchen. Gleiches erzählten sie mir bei ihrer eigenen Promotion. Die öffentlichen Drittmittelgeber verpflichteten sie bei Gewährung
der Gelder, mit einem Wirtschaftspartner zu kooperieren. Die öffentlichen Geldgeber treiben in diesen Fällen die Forscher von alleine in die
Hände der Industrie, ohne dass die Unternehmen sich finanziell beteiligen müssen. Ich kann nicht abschätzen, wie oft solche Fälle sind und

---

[39] Vgl. Kreiß 2015, Gekaufte Forschung

welchen finanziellen Umfang sie haben. Sicher ist: De facto ist der Einfluss der Industrie höher als die offiziellen Zahlen widerspiegeln.

Die Finanzierung der Hochschulen durch die öffentliche Hand erlebte in den letzten Jahrzehnten einen bemerkenswerten Wandel. Während die Grundfinanzierung, die freie, unabhängige Forschung ermöglicht, nicht annähernd Schritt hielt mit den Forschungsbedürfnissen der Hochschulen, haben sich die Drittmittel vor allem des Bundes stark überdurchschnittlich erhöht. Es macht aber für einen Forscher einen gewaltigen Unterschied, ob er staatliche Grund- oder Drittmittelmittel erhält. Denn im ersten Fall ist er ein freier Mensch, im zweiten ein unfreier.

Ein Artikel in der vom Deutschen Hochschulverband herausgegebenen Zeitschrift Forschung & Lehre spricht in diesem Zusammenhang von „zunehmende[m] Paternalismus und Dirigismus an unseren Hochschulen". Weiter heißt es: „Geforscht wird, was bezahlt wird [...] Fast könnte man den Eindruck haben, dass der Politik die strategische Bedeutung gut ausgestatteter Hochschulen vollkommen unbekannt ist und der Glaube vorherrscht, durch eine unterkritische Finanzierung könne man die Wissenschaftler an der Leine führen".[40]

Halten wir kurz inne. In der Zeitschrift des Deutschen Hochschulverbandes steht, staatlicher Paternalismus und Dirigismus nehme zu und Politiker hätten bei uns den Glauben, durch eine zu geringe Finanzierung könne man die Wissenschaftler an der Leine führen. Das sind be-

---

[40] „Standpunkt: Geforscht wird, was bezahlt wird", Bernhard Wolf 03.10.2018 in Forschung & Lehre: https://www.forschung-und-lehre.de/forschung/geforscht-wird-was-bezahlt-wird-1069/ Stand 1.6.2020. Hervorhebungen CK

merkenswerte Aussagen. Sie decken sich mit der Einschätzung von Anton Hofreiter. Wissenschaftler <u>sollen</u> also an die Leine genommen werden. Warum nur?

Folgen der starken Drittmittelzunahme

Anträge für Drittmittel: „Es ist ein eigenes Genre, das ich lernen musste."
(Forschung & Lehre Februar 2020)

Drittmittel statt Grundmittel sind für sehr viele Forscher ätzend. Zum einen kann man nicht mehr über das forschen, was man wirklich will, zum anderen bindet es viel Zeit und Kraft, die Anträge zu schreiben. Dazu kommt, dass die Drittmittel normalerweise in kompetitiven Verfahren ausgeschrieben werden. Es bewerben sich also immer mehrere Forscher, Hochschulen und Forschergruppen um die ausgelobten Gelder. Zum Zuge kommt aber im Normalfall nur einer, die anderen gehen leer aus – und der ganze Aufwand, die Zeit und die Energie sind verschwendet - für nichts. Das System führt also zu ständigen Frustrationserlebnissen. Auf zum nächsten Antrag. Die Hoffnung stirbt zuletzt. Forscher forschen also in der Zeit des Antragschreibens nicht mehr wirklich, sondern spezialisieren sich auf das Genre „Anträgeschreiben".

Ein jüngerer Professor beschreibt das in der Zeitschrift Forschung & Lehre so: „Vor meinem eigenen ersten DFG-Antrag hatte ich an zwei größeren Anträgen mitgeschrieben. Durch dieses Schreiben habe ich gelernt, wie so etwas geht. <u>Es ist ein eigenes Genre, das ich lernen</u>

musste."[41] Ähnliches berichten zahllose Kollegen. In einem Artikel von Forschung & Lehre von Februar 2020 heißt es: „Vor allem die Einwerbung von Forschungsmitteln sei eine bürokratische Belastung: 71 Prozent der befragten Professorinnen und Professoren sagten in der aktuellen Umfrage, die Antragsverfahren seien zu kompliziert und aufwendig. Es koste zu viel Zeit, sich für Forschungsmittel zu bewerben."[42] Selbst starke Befürworter oder Nutznießer des heutigen Drittmittelsystems kritisieren offen oder spätestens hinter vorgehaltener Hand den hohen Bürokratie- und Antragsaufwand.

Das führt oft zu reichlich Frust. So lautete die Überschrift eines Artikels in Forschung & Lehre: „Forschen gerne, aber nur ohne Drittmittel". Darin heißt es, eine Professorin habe einen Ruf nach Berlin nicht angenommen, weil sie mit ihrer Heimathochschule „drei Jahre Drittmittelfreiheit" aushandeln konnte.[43] Endlich keine Anträge mehr schreiben müssen! Endlich „Zeit für sich, für ihre eigene Forschung, ein neues Buch." Das sind bemerkenswerte Sätze. Endlich Zeit für eigene, freie, selbstbestimmte Forschung. Die Aussage stammt von einer Professorin, nicht von einer Doktorandin oder einem post-doc. Wenn man sich jahrelang abgequält, die Vorgaben anderer Wissenschaftler erfüllt, sich hochgearbeitet, einen neuen Ruf an eine andere Universität, gar nach Berlin bekommen hat, DANN kann man es sich endlich leisten, freie, selbstbestimmte Forschung zu betreiben. Das sagt viel über unser

---

[41] Mit Themen abseits des Mainstreams haben es Forscher oft schwer. Christian Volk berichtet über seine Erfahrung mit der Antragsstellung, von Vera Müller 28.02.2020: https://www.forschung-und-lehre.de/forschung/erfolgreich-drittmittel-einwerben-fuer-kreative-forschungsideen-2564/ Stand 1.6.2020

[42] https://www.forschung-und-lehre.de/hochschullehrer-beklagen-zunehmende-buerokratie-2525/ Stand 30.5.2020

[43] Forschung &Lehre 24.3.2019: https://www.forschung-und-lehre.de/karriere/professur/forschen-gerne-aber-nur-ohne-drittmittel-1629/   Stand 30.5.2020.

Hochschulsystem aus. Wollen wir wirklich solche <u>strukturelle Gängelung</u>?

Diese Aussagen führen uns zu einem weiteren, sehr wichtigen Effekt der starken Drittmittelzunahme in den letzten Jahrzehnten hin: Die immer stärker werdende Konformisierung der Forschung. Wenn man Gelder von anderen haben will, muss man der Denkweise dieser anderen entgegenkommen – sonst bekommt man die Mittel leider nicht. Kritisches Hinterfragen ist nicht gefragt. Mainstream wird gefördert. Bestehende Denkstrukturen werden gefestigt. Hinter Denkstrukturen stehen in der Regel Machtstrukturen. Letztlich werden durch wachsende Drittmittel immer auch Machtstrukturen gefestigt, denn es werden Abhängigkeiten geschaffen und häufig mit Angst gearbeitet.[44] Freiheit und Unabhängigkeit werden beschnitten. Wollen wir das wirklich in unseren Hochschulen?

Stiftungsprofessuren

Eine weitere Folge der chronischen Unterfinanzierung unserer Hochschulen und der zunehmenden Drittmittelfinanzierung sind zunehmende Stiftungsprofessuren. Industriefinanzierte Stiftungsprofessuren sind umstritten. Bei ihnen wird immer wieder die Frage aufgeworfen, ob sie trojanische Pferde sind, die in die Hochschulen eingeschleust werden, um im Dienste von Gewinninteressen zu handeln statt im Dienste des Allgemeinwohls. So lautete die Überschrift eines ausführli-

---

[44] „Christian Volk: Der erste Schritt müsste sein, die Angst und die Abhängigkeiten im System zu reduzieren. Das gilt natürlich vornehmlich für Menschen in der Qualifizierungsphase." https://www.forschung-und-lehre.de/forschung/erfolgreich-drittmittel-einwerben-fuer-kreative-forschungsideen-2564/ Stand 1.6.2020

chen Artikels in Zeit Campus von März 2018: „Universitäten: Mit freundlicher Unterstützung – Universitäten geben sich gerne als völlig unabhängige Institutionen. Selbst wenn sie mit Unternehmen kooperieren. Eine ZEIT-Recherche weckt Zweifel an diesem Bild."[45] Gerade bei Stiftungsprofessuren gibt es zahlreiche Beispiele gekaufter Forschung.

Entwicklung in den letzten 20 Jahren

Als erstes soll der Frage nachgegangen werden, wie viele Stiftungsprofessuren es eigentlich gibt und wie sich ihre Zahl entwickelt hat. Im Jahr 2000 gab es schätzungsweise 300 bis 400 Stiftungsprofessuren an deutschen Hochschulen.[46] 2010 gab es 615, 2016 806; von diesen 806 kamen 318 bzw. etwa 40 Prozent von Stiftungen, 488 oder 60 Prozent aus der Wirtschaft, vgl. das Schaubild unten.[47]

---

[45] https://www.zeit.de/2018/11/universitaeten-unternehmen-kooperationen-finanzierung-industriekooperation/komplettansicht Stand 3.6.2020
[46] Vgl. Osburg, Hochschulforschung als Corporate Citizenship 2010, S.179
[47] Stifterverband Februar 2018

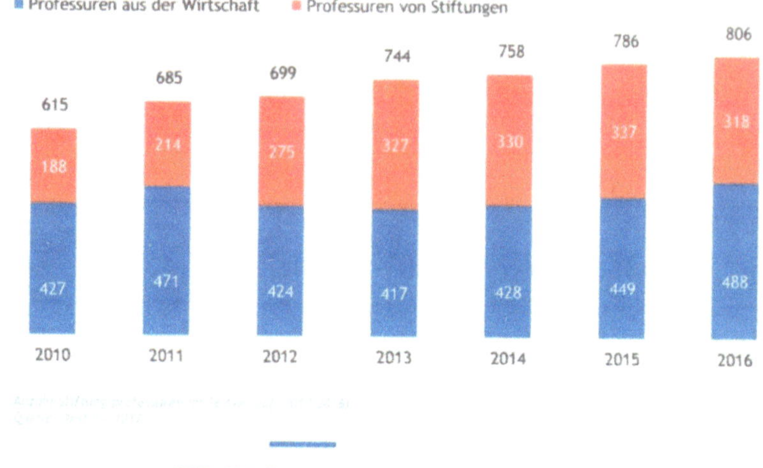

In den 16 Jahren von 2000 bis 2016 hat sich die Zahl der Stiftungsprofessuren in Deutschland um etwa 102 bis 169 Prozent erhöht, sprich etwa verdoppelt bis verzweieinhalbfacht. Da sich die Zahl der Professuren im selben Zeitraum nicht so stark erhöhte, stieg ihr Anteil an allen Professuren von etwa 0,8 bis 1,05 Prozent im Jahr 2000 auf 1,7 Prozent 2016.[48] Der Anteil der Stiftungsprofessuren hat sich also von 2000 bis 2016 um 70 bis 90 Prozent erhöht. Ein Anteil von 1,7 Prozent Stiftungsprofessuren an allen Professuren 2016 klingt nicht dramatisch hoch, ist es auch nicht.

---

[48] Stifterverband Februar 2018 und eigene Berechnungen: 300 bis 400 Stiftungsprofessuren bei 37.794 Professoren im Jahr 2000 https://de.statista.com/statistik/daten/studie/160365/umfrage/professoren-und-professorinnen-an-deutschen-hochschulen/ Stand 30.5.2020. Hervorhebung CK

Der Schwindel von dem niedrigen Anteil

Der überwiegend industriefinanzierte Stifterverband der Deutschen Wissenschaft[49] bringt diesen niedrigen Anteil der Stiftungsprofessuren immer wieder ins Spiel und betont, wie gering er sei.[50] Als Lobbyorganisation der Industrieunternehmen hat der Stifterverband großes Interesse daran, den Einfluss von Geldgebern aus der Wirtschaft auf die Hochschulforschung durch Stiftungsprofessuren (und andere Geldflüsse aus der Wirtschaft) so schwach wie möglich und die Auswirkungen von gekaufter Forschung so harmlos wie möglich darzustellen. So schrieb beispielsweise 2018 eine der führenden deutschen Zeitschriften zur Hochschullandschaft, die vom Deutschen Hochschulverband herausgegebene Monatszeitschrift „Forschung & Lehre" über eine auf den Stifterverband zurückgehende Studie, dass „mehr als 80 Prozent der Hochschulen [...] Stiftungsprofessuren als wertvolles Instrument der Wissenschaftsförderung" ansehen und dass „mehr als drei Viertel der Hochschulen keine Gefahr der Einflussnahme der Mittelgeber" sehen.[51]

Das liest sich gut und beruhigt. Das soll es auch: Der Stifterverband will, dass Stiftungsprofessuren als unproblematisch wahrgenommen werden. Solche Statements in Fachzeitschriften und in den öffentlichen Medien zu verbreiten ist für den Lobbyverband natürlich ganz besonders wichtig. Das beeinflusst die Wahrnehmung des Phänomens Stiftungsprofessuren bzw. des Industrieeinflusses auf Hochschulen. Über die Medien fließt diese Wahrnehmung in die öffentliche Meinung, in die politischen Entscheidungsgremien und in die Hochschulgremien selbst

---

[49] Vgl. file:///C:/Users/00413/AppData/Local/Temp/stifterverband_finanzbericht_2017-2018.pdf
Stand 3.6.2020
[50] Vgl. z.B. Stifterverband Feb.2018 S.7
[51] https://www.forschung-und-lehre.de/management/hochschulen-mit-ihrer-situation-ganz-zufrieden-1131/ 24.10.2018 Stand 20.5.2020

ein. Das ist deep lobbying, wie es ja auch von einem Lobbyverband erwartet werden kann.

Die Rechnung des industriefreundlichen Stifterverbandes, die zu der niedrigen Zahl von 1,7 Prozent kommt, ist jedoch nicht korrekt, genauer gesagt: nicht vollständig. [52] Denn praktisch alle Stiftungsprofessuren sind zeitlich befristet, die meisten auf fünf Jahre. Laut einer Hochschulbefragung des Stifterverbandes von 2018 wird etwa die Hälfte aller Stiftungsprofessuren in den regulären Stellenplan übernommen. [53] Nehmen wir also an, dass von den 300 bis 400 Stiftungsprofessuren, die es im Jahr 2000 gab, die Hälfte in reguläre Beamtenstellen übernommen wurde[54], von den etwa 450 bis 500 aus dem Jahr 2005 wiederum die

---

[52] Der damalige (2010) Leiter des Bereichs Personal, Recht und Grundsatzfragen des Stifterverbandes für die Deutsche Wissenschaft, Stefan Stolte, errechnete zu den seinerzeit 660 laufenden Stiftungsprofessuren noch etwa 500 Stiftungsprofessuren hinzu, die zur Zeit des Erscheinens seines Aufsatzes 2010 mittlerweile in den regulären Staatshaushalt überführt worden waren. Er kommt also ziemlich genau auf die gleiche Zahl wie ich in der Tabelle oben, nämlich 1.160 für das Jahr 2008 oder 2009. Dass der Stifterverband in den Folgejahren diese in reguläre steuerfinanzierte Professuren umgewandelte frühere Stiftungsprofessuren komplett unter den Tische fallen lässt ist keine integre, sondern interessengeleitete Vorgehensweise: Stefan Stolte, Bonner Rechtsjournal, BRJ 2/2010 https://www.bonner-rechtsjournal.de/fileadmin/pdf/Artikel/2010_02/BRJ_177_2010_Stolte.pdf Stand 3.6.2020
[53] https://www.forschung-und-lehre.de/management/hochschulen-mit-ihrer-situation-ganz-zufrieden-1131/ 24.10.2018 Stand 30.5.2020
[54] Vor allem Anfang der 2000er Jahren könnte die Übernahmequote allerdings deutlich höher gewesen sein: Vgl. Deutschlandfunk 1.6.2005 Wenn Unternehmen stiften gehen: https://www.deutschlandfunk.de/wenn-unternehmen-stiften-gehen.680.de.html?dram:article_id=34835 Stand 2.6.2020. Dort ist die Rede von nahezu 100 Prozent: „Denn nach fünf Jahren <u>müssen</u> die Stiftungsprofessoren von der Hochschule als reguläre Professoren übernommen werden. Bezahlen muss sie dann das Land. Diese <u>bundesweit einheitlich geltende Regelung</u> ist allerdings nicht unumstritten, sagt Rektor Franz Häuser." Hervorhebung CK

Hälfte usw., so ergibt sich unter der Annahme, dass die seit dem Jahr 2000 berufenen Stiftungs-Professoren heute (Stand Juni 2020) alle noch lehren (was ich nicht unplausibel finde), eine geschätzte Zahl von 1.675 bis 1.750 Professuren, die heutige <u>oder ehemalige</u> Stiftungsprofessoren sind. Hier eine tabellarische Darstellung dazu:

Stiftungs-professuren	Anzahl offi-ziell	davon 50% in regulären Stellenplan übernommen	Summe <u>real</u>: aktuelle <u>plus</u> <u>frühere</u> Stif-tungsprofessu-ren
2000	300 bis 400	150 bis 200	300 bis 400
2005 (Schätzung)	450 bis 500	275 bis 300	725 bis 800
2010	615	307	1.040 bis 1.115
2015	786	393	1.518 bis 1.593
2020 (Schätzung)	850	425	1.705 bis 1.780
Zunahme seit 2000	102 bis 169 Prozent		345 bis 468 Prozent
Anteil 2020 Stiftungspro-fessuren an al-len Professu-ren	1,7 Prozent		3,5 bis 3,6 Prozent

Nimmt man an, dass es 2020 etwa 50.000 Professuren in Deutschland gibt, so errechnet sich ein Anteil der Stiftungsprofessuren von etwa 3,4 bis 3,6 Prozent, also ungefähr doppelt so hoch wie die vom industriefinanzierten Stifterverband errechnete und verbreitete Zahl. Ich halte diese doppelt so hohe Zahl für korrekt, nicht die vom Stifterverband. Denn die früheren Stiftungsprofessuren einfach komplett unter den Tisch fallen zu lassen, finde ich nicht seriös und vor allem nicht integer, wenn es um die Frage von Einfluss der Geldgeber auf die Hochschulforschung geht.

Ob ein Stiftungsprofessor vor fünf oder vor 15 Jahren berufen wurde, macht für seine inhaltliche oder weltanschauliche Ausrichtung keinen großen Unterschied. Ich habe in meinem Buch von 2015 und in dem vorliegenden Buch herausgearbeitet, dass der Geldgeber auf die Hochschulen inhaltlich oder personell sehr häufig deutlichen Einfluss nimmt. Ein einmal über eine Stiftungsprofessur beispielswese von Audi berufener Professor ist aber heute genauso autofreundlich wie vor über 10 Jahren bei seiner Berufung.[55] Man könnte Stiftungsprofessuren, die in den regulären, durch Steuergelder finanzierten Stellenplan übernommen wurden, geradezu als U-Boote oder als Trojaner bezeichnen. Sie erscheinen gar nicht mehr als industriefinanzierte Stiftungsprofessuren, sondern als reguläre Beamtenstellen, also als völlig neutral, sind aber von der inhaltlichen und weltanschaulichen Ausrichtung her sehr wohl immer noch Stiftungsprofessuren.

---

[55] Vgl. Zeit Campus März 2018: „Für Unternehmen wie Audi zahlten sich Stiftungsprofessuren wie die von Werner Widuckel [an der Friedrich-Alexander-Universität Nürnberg] "ein Leben lang aus", sagt Arne Semsrott von Transparency International. Denn in der Regel finanzieren die Geldgeber die Professuren nur für fünf Jahre. Danach zahlt die Universität. So war es auch bei Widuckel: 2017 lief die Finanzierung aus, und er wurde regulärer Professor. <u>Seine Audi-Vorlesung aber hält er weiter</u>." Hervorhebung CK.

Warum Stiftungsprofessuren nicht gut sind

Nun, auch wenn der Anteil der Stiftungsprofessuren in Wirklichkeit etwa doppelt so hoch sein dürfte wie offiziell ausgewiesen, wirkt er mit etwa 3,5 Prozent oder gut einem Dreißigstel auch heute noch nicht wirklich beängstigend hoch. Die vergleichsweise niedrige Zahl suggeriert einen vergleichsweise geringen Einfluss von Industriegeldern auf die Hochschulforschung. Doch dieser Schein trügt, und zwar aus folgenden Gründen.

1) Erstens wirken industriebeeinflusste Professuren oft als Ferment, Hefe oder Triebmittel in gezielte Richtungen, geben Anstöße, wirken in Gremien usw., agieren also genau in der Art und Weise, wie es in diesem Buch und seinem Vorgängerbuch (Gekaufte Forschung von 2015) gezeigt wird. Diese Einflüsse haben oft erhebliche gesellschaftliche Auswirkungen, die um ein Vielfaches stärker sind als dem „Dreißigstel"-Anteil entsprechen würde. Denn die interessengeleiteten Akteure sind in der Regel ausgezeichnet vernetzt, verfügen normalerweise über sehr viel höhere finanzielle und personelle Ressourcen als ihre steuerfinanzierten Kollegen und sind häufig mit hochrangigen Wirtschafts-, Medien- und Politikvertretern in Kontakt, die ihre Wirksamkeit vervielfachen. Das wird ja gerade in diesem Buch über „die sechs Schritte ins Verderben" herausgearbeitet. Häufig sind es ganz wenige Einzelpersonen, die einer gesamten Diskussion den Stempel aufprägen. Beispiele dafür wären die Tabakindustrie, Glyphosat oder Covid-19.

2) Zweitens ist bemerkenswert, dass sich die Anzahl der Stiftungsprofessuren von etwa 300 bis 400 im Jahr 2000 bis heute, wenn man die früheren Stiftungsprofessuren, die in reguläre Stellen übernommen wurden und deren Stelleninhaber noch heute forschen und lehren dürften, hinzuzählt, sich auf etwa 1.700 verfünffacht hat. Der Anteil der Stiftungsprofessuren ist nach dieser m.E. sehr viel realistischeren Berechnung von knapp einem Prozent im Jahr 2000 auf

etwa 3,5 Prozent heute gestiegen. Das entspricht etwa einer <u>Verdreieinhalbfachung des Anteils</u> der Stiftungsprofessuren an allen Professuren in den letzten 20 Jahren. Das ist ein beachtlicher Zuwachs und damit eine starke Zunahme des Geldgebereinflusses auf unsere Hochschulen.

3) Drittens muss man dem gegenüberstellen, wie viele Professuren von Zivilverbänden kommen, etwa von Gewerkschaften, Greenpeace, BUND, Nabu, attac, lobbycontrol, Transparency International, vcd usw., also Organisationen, die sich für das Gemeinwohl einsetzen statt für Gewinnmaximierung. Praktisch alle diese Verbände leiden unter notorischem Geldmangel und können sich daher nicht leisten, teure Stiftungsprofessuren zu verschenken. Somit steht den von Industrieseite kommenden Professuren KEIN Gegengewicht von Vertretern der Zivilgesellschaft gegenüber. Es gibt KEIN Gegengewicht von Stiftungsprofessoren, die explizit Allgemeininteressen vertreten.

Beispiele für solchen Mangel gibt es Legion: Wie viele Forscher gibt es in unserem Land, die zu alternativer Ökonomie forschen, so genannte plurale Ökonomie? Wie viele Forscher gibt es, die sich mit Prophylaxe im Gesundheitsbereich beschäftigen? Mit gesunder Lebensweise? Mit gesunder Ernährung? Mit Naturheilverfahren? Mit Impfschäden? Mit Ökologie, Tierschutz, Menschenrechten usw.? Ich empfinde hier einen ganz gravierenden Mangel an Forschung und eine für uns alle schädliche Einseitigkeit der Ausrichtung von Stiftungsprofessuren.

Zuletzt sei noch bemerkt, dass es mit der Transparenz zu Stiftungsprofessuren nicht zum Besten bestellt ist. Zeit Campus machte dazu eine eigene Recherche bei 78 ausgewählten Universitäten und Technischen Hochschulen. Die Journalisten kamen zu dem ernüchternden Ergebnis, dass es zu Drittmitteln und Stiftungsprofessuren großes Stillschweigen und oft unübersichtliche Strukturen in den Hochschulen gebe, so dass sie oft selbst keinen Überblick über alle Geldflüsse hätten. Sie illustrieren dies anhand der bayerischen Hochschulen:

„Im vergangenen Herbst ergab die Antwort der bayerischen Landesregierung auf eine Anfrage der Grünen, dass im Freistaat derzeit 140 Stiftungsprofessuren finanziert werden. Im vertraulichen Teil der Antwort, der der ZEIT vorliegt, steht bei den Angaben zu den Stiftern allerdings bei 14 Professuren nur ein Sternchen. Sie sind als <u>geheim</u> angegeben, darunter <u>fünf im medizinischen Bereich</u>. Das heißt: <u>Nicht einmal das Parlament weiß über alle industriellen Geldflüsse in die Hochschulen Bescheid</u>."[56]

Warum nur? Ist das gut für eine freie, unabhängige Forschung?

Einflussnahme der Industrie auf Forschungsfragen an (Fach-) Hochschulen durch Abschlussarbeiten

Derzeit gibt es über eine Million Studierende an Fachhochschulen (1,05 Millionen), das sind knapp 37 Prozent aller etwa 2,9 Millionen Studierenden.[57] An den Fachhochschulen werden meiner Erfahrung nach die Abschlussarbeiten, sowohl im Bachelor wie im Master, im Normalfall in Kooperation mit Industrieunternehmen geschrieben. Wie hoch der Anteil an so genannten Industrie-Abschlussarbeiten an den Universitäten ist, kann ich nicht beurteilen, vermutlich recht gering, aber es gibt welche (siehe nächster Absatz).

---

[56] Zeit Campus Februar 2018. Hervorhebung CK

[57] Studierende in Deutschland im Wintersemester 2018/19, Stand 28.Januar 2020: Insgesamt 2.868.222, Universitäten 1.781.358, Fachhochschulen 1.050.856, Kunsthochschulen 36.358, Destatis: https://www.statistikportal.de/de/studierende, abgerufen 3.6.2020

Konkret läuft es bei Abschlussarbeiten an Fachhochschulen so ab, dass die Studierenden einen Arbeitsvertrag mit geringer Vergütung (meist unter 1000 Euro im Monat) bei den Unternehmen eingehen, meist mehrere Tage die Woche im Unternehmen arbeiten und eine bestimmte Fragestellung des Unternehmens in ihrer Abschlussarbeit untersuchen. Wenn also die allermeisten FH-Studierenden ihre Abschlussarbeiten in gewerblichen Unternehmen schreiben, heißt das, dass vielleicht ein Viertel oder gar Drittel aller unserer Absolventen in industrielastige Fragestellungen getrieben werden, also letztlich fast immer in Fragen, wie man die Gewinne von Unternehmen erhöhen kann.

Die Betreuung der Abschlussarbeiten findet durch mindestens einen Hochschulprofessor statt. Wir Hochschullehrer befassen uns also dadurch automatisch ebenfalls mit Fragestellungen, die die gewerbliche Wirtschaft vorgibt. Dann fehlt die Zeit, sich mit anderen Themen zu beschäftigen. Also auch mögliche Interessen und Forschungsfragen sehr vieler Hochschullehrer werden dadurch sanft, aber bestimmt in Richtung Industriewohl gelenkt statt in Richtung Gemeinwohl. Ich sehe hier ein ganz gravierendes Ungleichgewicht, eine extrem einseitige Interessenbeeinflussung, weil insbesondere zivilgesellschaftliche Organisationen ihre Fragestellungen NICHT einbringen können. Ich persönlich weigere mich daher seit vielen Jahren, Abschlussarbeiten in der Industrie zu betreuen, denn ich möchte mich nicht zum Handlanger von Gewinninteressen degradieren lassen, sondern lieber ein freier Forscher bleiben.

Die Fragestellungen der Abschlussarbeiten beeinflussen aber ja vor allem die Interessen unserer jungen Menschen. Wenn ich mich als Studierender mit dem Marketingmix von Daimler beschäftige, kann ich mich nicht gleichzeitig mit gesellschaftlich sinnvollen Fragestellungen beschäftigen. Dafür werden meine Einstellungschancen bei Daimler oder zumindest in der Automobilbranche besser. Also, indem Millionen von Abschlussarbeiten durch die gewerbliche Wirtschaft vereinnahmt werden, wird das mind-set von Millionen von jungen Menschen geprägt und das Interesse in eine bestimmte Denkrichtung gelenkt. Und zwar nicht in gesellschaftliche, ökologische, soziale oder menschliche Fragestellungen, sondern eben in industrielle Fragestellungen. Ist das die Aufgabe von uns (Fach-) Hochschulen?

Einflussnahme der Industrie auf Forschungsfragen an Universitäten durch Vergabe von Promotionsthemen (und post-docs)

„Die Unsitte der „Kuckucksei"-Promotion" (TU9 Positionspapier
Juni 2017)

Für Forschungsfragen und wissenschaftlichen Nachwuchs bedeutend wichtiger als Bachelor-Abschlussarbeiten oder Master-Thesis sind Promotionen. Im Juni 2017 erschien ein bemerkenswertes Positionspapier mit dem Titel: „Promotionen in Kooperation mit der Industrie („Kuckucksei"-Promotionen) - Positionspapier zusammen mit der Arbeitsgemeinschaft der Technischen Universitäten in Deutschland (ARGE-TU).[58] Unterschrieben war die Stellungnahme von Prof. Dr. Dr. h.c. Hans Jürgen Prömel, dem Sprecher der ARGE-TU und TU9-Präsident sowie Prof. Dr. med. Wolfgang Schareck, dem Vizesprecher ARGE-TU.

Die ARGE-TU ist nicht irgendwer, sondern die „TU9 ist die Allianz führender Technischer Universitäten in Deutschland: RWTH Aachen, Technische Universität Berlin, Technische Universität Braunschweig, Technische Universität Darmstadt, Technische Universität Dresden, Leibniz

---

[58] https://www.rob.cs.tu-bs.de/sites/default/files/iRP_Mitarb/Positionspapier_Promotionen%20mit%20der%20Industrie_06.2017.pdf
Stand 3.6.2020

Universität Hannover, Karlsruher Institut für Technologie, Technische Universität München und Universität Stuttgart."[59]

Da ich dieses Positionspapier sowohl wegen der Verfasser – neun herausragende Technische Universitäten – wie auch wegen der Aussagen für besonders wichtig halte, möchte ich etwas ausführlicher daraus zitieren. In dem häufig „Kuckucksei-Positionspapier" genannten Text heißt es[60]:

„Das Recht zur Promotion liegt - aus guten Gründen - nur bei den Universitäten und den ihnen gleichgestellten Hochschulen und wird von den zuständigen Fakultäten wahrgenommen. Die Betreuung von Promotionen erfolgt durch besonders befähigte Professorinnen und Professoren. Diese wählen die jeweils Bestgeeigneten aus und vergeben die Promotionsthemen. Die Promotionsverfahren unterliegen einer strengen Qualitätssicherung durch die Fakultäten und Hochschulleitungen. Vor diesem Hintergrund ist es <u>irritierend</u>, dass in jüngerer Zeit vermehrt Personalmanager aus der Wirtschaft <u>das Promotionsversprechen als nützliches Werbeinstrument entdeckt haben</u>: In zahlreichen Stellenausschreibungen wird mit der Möglichkeit zur Promotion geworben, dabei wird <u>verschleiert</u>, dass die Abnahme der Promotion bei einer Hochschule liegen muss und die Betreuungssituation für den Bewerber/die Bewerberin oft ungeklärt ist.

Besonders deutlich wird die **<u>Unsitte der „Kuckucksei"-Promotion</u>**, wenn - zumeist international tätige - Firmen in Deutschland <u>eigene „Promotionsprogramme" ausschreiben</u>, d.h. mit der Möglichkeit zur

---

[59] https://www.tu9-universities.de/ Stand 3.6.2020
[60] https://www.rob.cs.tu-bs.de/sites/default/files/iRP_Mitarb/Positionspapier_Promotionen%20mit%20der%20Industrie_06.2017.pdf
Stand 3.6.2020. Hervorhebungen CK

Promotion gezielte Bewerberansprachen betreiben. Die Dissertationsthemen werden dabei <u>firmenseitig und ohne Absprache mit einer akademischen Betreuerin</u> oder einem akademischen Betreuer vergeben, obschon eine Erwartungshaltung nicht nur hinsichtlich der Betreuung, sondern auch der Durchführung des Promotionsverfahrens an der promovierenden Fakultät besteht.

Mit <u>Geheimhaltungsklauseln</u> versuchen Firmen zudem häufig eine Veröffentlichung der für die Dissertationen existentiellen Daten und Quellen zu verhindern, obgleich der Diskurs die Prämisse der Wissenschaft ist. Die „betreuende" Professorin bzw. der „betreuende" Professor befinden sich in einem Zwiespalt zwischen akademischen Vorgaben und der Karriere des betroffenen Promovierenden. <u>Institute, Lehrstühle und Hochschulen, die nicht bereit sind, zu diesen Rahmenbedingungen zu promovieren, werden zudem **bei der Vergabe von Drittmittelprojekten ausgegrenzt**</u>. In <u>ähnlicher Weise</u> verfahren Firmen i.Ü. bei <u>Diplom und Masterarbeiten</u>.

<u>Diese Praxis</u> ist nach Auffassung der Arbeitsgemeinschaft der Technischen Universitäten (ARGE-TU) und den hier vertretenen Hochschulen <u>nicht hinnehmbar</u>. Die Universitäten und die ihnen gleichgestellten Hochschulen sind qua Gesetz die alleinigen Träger des Promotionsrechts; sie allein verantworten das Promotionsrecht. [...]

Wir, die promotionsberechtigten Hochschulen der Arbeitsgemeinschaft der Technischen Universitäten, <u>**sind nicht bereit uns sprichwörtlich „Kuckuckseier" in unser Nest legen zu lassen**</u>. Wir werden in jedem Einzelfall prüfen, ob die Verbindung einer spezifischen Stellenausschreibung mit einem Promotionsversprechen einer **<u>Vortäuschung falscher Tatsachen</u>** entspricht. Geheimhaltungsvorschriften können nur in einem Rahmen akzeptiert werden, die den Grundsätzen guter wissenschaftlicher Praxis nicht zuwiderlaufen.

Das sind starke Worte des Sprechers von neun hervorragenden Technischen Universitäten. Zeit Campus wandte sich im Rahmen einer längeren Recherche zu Drittmitteln an den Erstunterzeichner des TU9-Kuckucksei-Positionspapiers, Hans-Jürgen Prömel, damals Rektor der TU Darmstadt. Er antwortete den Journalisten: „"Uns waren Fälle zu Ohren gekommen, in denen Professoren sich von Industriepartnern unter Druck gesetzt fühlten", sagt Prömel. Unternehmen hätten <u>Drittmittelzusagen daran gekoppelt</u>, dass ihre Angestellten zu bestimmten Themen promovieren dürfen."[61] Laut Zeit Campus gab es Anfang 2018 allein 330 Doktoranden von VW. Die Industrieunternehmer würden die Universitäten als „ihre Dienstleister" ansehen. Die Dissertationen würden von den Vorgesetzten und den Hausjuristen geprüft und erst dann dürften sie veröffentlicht werden. Das widerspricht guten wissenschaftlichen Standards.

Laut Zeit Campus ruderte der Chef der TU9-Gruppe nach Veröffentlichung des Kuckucksei-Positionspapiers zurück und war bei direkter Nachfrage äußerst zurückhaltend. Interessant ist in diesem Zusammenhang auch, dass das Kuckucksei-Papier sich zum Zeitpunkt der Recherchen für das vorliegende Buch Anfang Juni 2020 NICHT mehr auf deren Homepage fand. Es wurde offenbar gelöscht.[62]

Der Zeit Campus-Artikel schließt mit den Worten: „Das Beispiel [VW-Dissertationen] zeigt, mit welcher Professionalität manche Privatunternehmen eine Infrastruktur nutzen, die aus Steuergeldern finanziert wird. Und es zeigt zugleich, wie wenig Professionalität die Universitäten dem entgegensetzen. Auf die Frage der ZEIT, wie viele Doktoranden über Unternehmen bei ihnen promovieren, konnten übrigens nur zehn [von 78 befragten] deutsche Universitäten eine belastbare Zahl liefern.

---

[61] Zeit Campus 2018. Hervorhebung CK
[62] https://www.tu9-universities.de/, https://www.tu9-universities.de/ueber-tu9/aktuelle-veroeffentlichungen/ Stand 4.6.2020

68 Universitäten [das sind 87 Prozent] konnten oder wollten die Kuckuckseier in ihrem Nest nicht zählen."[63]

Am Rande sei erwähnt, dass die Industrie sicherlich auch bei den post-docs nicht schläft, also bei den Habilitationen bzw. der wissenschaftlichen Weiterqualifikation nach der Promotion. Mir liegen zwei Kooperationsabkommen von Facebook mit TU München von 2019 vor, die mir über einen Mittelsmann durch einen whistleblower ausgehändigt wurden. Die Dokumente finden sich alle auf meiner Homepage www.menschegerechtewirtschaft.de und können dort heruntergeladen werden. An solche Kooperationsverträge kommt man nur extrem selten, da sie alle samt und sonders nicht veröffentlicht werden. Diesen maximalen Mangel an Transparenz halte ich für einen fundamentalen Fehler, wie weiter unten ausgeführt wird. Die Verträge sind beide reine Auftragsforschung für Facebook.

An dem einen Forschungsvertrag über 260.003,63 Dollar ist neben dem Professor, der vier Prozent seiner Arbeitszeit in das Facebook-Projekt stecken soll, ein Doktorand mit 70 Prozent seiner Arbeitszeit beteiligt. In dem zweiten Auftragsforschungs-Vertrag für Facebook über 694.984 Dollar verpflichtet sich die beteiligte TU-Professorin, 25 Prozent ihrer Arbeitszeit in das Projekt zu investieren. Dazu kommen zwei post-docs und ein Doktorand zu jeweils 100 Prozent ihrer Arbeitszeit über zwei Jahre.

Mir liegen keine Zahlen zum Einfluss der Industrie auf post-docs an Universitäten vor. Immerhin zeigen die geleakten Verträge, dass post-docs an der TU München in die Amazonforschung unmittelbar und zu 100 Prozent ihrer Arbeitszeit eingebunden werden. Ich bin mir ziemlich

---

[63] Zeit Campus 2018

sicher, dass das nicht die einzigen solchen Kooperationsverträge in unserem Land sind. Leider ist durch die perfekte Nicht-Transparenz sichergestellt, dass diese Zahlen auch bestimmt nicht an die Öffentlichkeit kommen.

Einflussnahme der Industrie auf unseren Hochschulnachwuchs durch das Deutschlandstipendium

2011 wurde in Deutschland durch die Bundesregierung das Deutschlandstipendium eingeführt. Es fördert besonders begabte Studierende einkommensunabhängig mit 300 Euro pro Monat. Der Betrag wird zur Hälfte durch die Bundesregierung, zur Hälfte durch private Förderer aufgebracht. Die 150 Euro von Privatseite müssen durch die Hochschulen eingeworben werden. Finden sie keine privaten Geldgeber, darf das Stipendium nicht vergeben werden.

Auf wikipedia lesen wir dazu: „Der jeweilige Förderer wird in der Verleihungsurkunde genannt. Die Hochschulen schaffen Gelegenheit zum Kennenlernen der Förderer und der Mitstipendiaten. Die Stifter können den Stipendiaten außerdem zusätzliche Förderangebote wie Praktika oder Weiterbildungsveranstaltungen anbieten, jedoch sind Förderer und Stipendiat nicht einander verpflichtet. [...] Die privaten Geldgeber können ihre Ausgaben steuermindernd geltend machen."[64]

Die Entwicklung des Deutschlandstipendiums seit seiner Einführung 2011 ist eine Erfolgsstory. Hier ein Schaubild dazu[65]:

---

[64] https://de.wikipedia.org/wiki/Deutschlandstipendium Stand 4.6.2020
[65] https://www.deutschlandstipendium.de/de/infografiken-1736.html Stand 29.5.2020

Derzeit (Stand Mai 2020) gibt es gut 28.000 Stipendiaten, das entspricht etwa einem Prozent aller Studierenden an gut 320 Hochschulen, die von über 7.000 privaten Förderern gefördert werden. Insgesamt flossen durch private Förderer bis 2019 197 Millionen Euro, allein 2019 29 Millionen Euro.[66]

Laut Statistischem Bundesamt waren die privaten Mittelgeber 2019 „vor allem Kapitalgesellschaften (3.030 Mittelgeber mit insgesamt 9,3 Millionen Euro Fördersumme [das entspricht 32 Prozent aller Gelder]) sowie sonstige juristische Personen des privaten Rechts, wie zum Beispiel eingetragene Vereine, eingetragene Genossenschaften oder Stiftungen des privaten Rechts (1.980 Mittelgeber mit insgesamt

---

[66] file:///C:/Users/00413/Documents/Drittmittel/Deutschlandstipendiuem%20Mai%202020%20Zahlen%2020200519_BMBF_DST_Aktuelle-Zahlen_DINA4_webRZ.pdf Stand 4.6.2020

11,4 Millionen Euro Fördersumme).“[67] Also demnach kamen 22,7 Millionen Euro oder 78 Prozent der Gelder aus der Industrie oder von juristischen Personen des privaten Rechts. Wer nun genau die privaten Geldgeber sind, welches Unternehmen oder welche Stiftung wie viel Geld an wie viele Stipendiaten gegeben hat, wird leider nicht gesagt, jedenfalls konnte ich dazu keine genauen Angaben finden, was ich merkwürdig finde. Denn ich fände schon ziemlich wichtig, zu wissen, wer genau in welchem Umfang Gelder in unseren besonders begabten akademischen Nachwuchs fließen lässt und dadurch Einfluss nehmen kann.

Aus Sicht eines Konzerns sind das nämlich meiner Einschätzung nach sehr gut angelegte Mittel mit einem hohen return on investment. Ich habe ein paar Jahre nebenbei als Berater gearbeitet und würde großen Unternehmen dringend raten, am Deutschlandstipendium teilzunehmen und die 150 Euro pro Monat und pro Stipendiat zu investieren. Denn es sind ziemlich fitte junge Leute. Zumindest war das mein Eindruck bei den Fällen, die ich mitbekommen habe. Es handelt sich um Elitenförderung. Junge Menschen sind dankbar.[68] Man weiß, wer der großzügige Geldgeber ist, kann auch Kontakt zu ihm aufnehmen. Dadurch wird ein Grundwohlwollen bei unseren besonders begabten jungen Akademikern für die Sponsoren geschaffen. Das ist 1a PR für die 3.030 beteiligten Kapitalgesellschaften. Außerdem ist es sehr gut für das recruiting später. Die battle for talents wird dadurch leichter zu gewinnen.

Meiner Einschätzung nach wird durch das Deutschlandstipendium ein Grundwohlwollen bei unseren künftigen Eliten für die beteiligten Industriepartner geschaffen. Ich gehe davon aus, auch wenn ich leider

---

[67] https://www.destatis.de/DE/Presse/Pressemitteilungen/2020/05/PD20_173_213.html Stand 4.6.2020
[68] Vgl. Kahneman 2011

keine Zahlen dazu finden konnte, dass Organisationen der Zivilgesellschaft wie Gewerkschaften, Greenpeace, BUND, Nabu, attac, lobbycontrol, Transparency International, vcd (Verkehrsclub Deutschland) usw. mangels Geldfülle beim Deutschlandstipendium sehr wenig oder gar nicht vertreten sind. Ich halte das für falsch. Wir haben hier sicherlich keine Ausgewogenheit der Sponsoren. Daher sollten als Gegenmaßnahme gegen diese Einseitigkeit gewinnorientierte Großunternehmen oder diesen nahestehende Organisationen nicht an diesem Programm teilnehmen. Ich halte das derzeit bestehende Modell des Deutschlandstipendiums für eine Fehlkonstruktion. Sie fördert die Gewinninteressen der Industrie innerhalb unserer Hochschulen. Die Studienstiftung des deutschen Volkes ist in dieser Hinsicht sehr viel besser.

Kurz: Ich halte das <u>Deutschlandstipendium</u> für eine <u>Fehlkonstruktion</u>, einen falschen Übergriff von Geldinteressen in die Sphäre der freien Hochschulen. Industriegelder gehören nicht an freie Hochschulen.

Am Rande sei bemerkt, dass das auch für andere <u>Industriepreise</u> oder <u>Industrieauszeichnungen</u> für unsere Studierenden gilt. Es gibt beispielsweise eine große Fülle an Auszeichnungen und Preisgeldern für besonders gute Abschlussarbeiten. Sei es der Amazon-Forschungspreis für besonders talentierte Studierende, der unten kurz erwähnt werden wird oder Preise von Arbeitgeberverbänden: Sie alle legen entweder Köder aus, in eine bestimmte Richtung zu forschen oder erzeugen bei den damit beglückten jungen Menschen ein Grundwohlwollen gegenüber dem spendablen Geldgeber. Ich halte das bei Industriegeldern für falsch. Es ist ein sanfter, aber bestimmter Übergriff in die Sphäre der freien Hochschulen. Industriegelder gehören nicht an freie Hochschulen.

Einflussnahme der Industrie auf unseren Hochschulnachwuchs durch das duale Studium

Immer mehr Studierende entscheiden sich für ein duales Studium, das heißt eine Kombination aus Theorie an einer dualen Hochschule, wo man studiert und Praxis in einem bestimmten Unternehmen, mit dem man für die Zeit des Studiums einen Arbeitsvertrag abgeschlossen hat und in dem man etwa die Hälfte der Zeit gegen Entgelt arbeitet. Derzeit gibt es etwa 1.350 Studiengänge an über 220 Hochschulen.[69]

Das duale Studium ist ein absolutes Erfolgsmodell. Zwischen 2005 und 2017 hat sich die Zahl der dual Studierenden von knapp 10.000 auf 105.000 etwa verelffacht, die Zahl der Studienanfänger gar verzwölffacht. Der Anteil der dual Studierenden ist von knapp 0,5 Prozent 2005 auf 3,7 Prozent 2017 gestiegen. 2017 waren 5,3 Prozent aller Erstsemester dual Studierende, während es 2005 noch 0,66 Prozent gewesen waren.[70] Verlängert man den Erstsemestertrend der letzten 12 Jahre bis 2020, so dürfte die Erstsemesterquote heute bei etwa 6 Prozent liegen.

Dadurch, dass man als dual Studierender einen festen Arbeitsvertrag mit einem bestimmten Unternehmen und normalerweise die Zusage hat, nach dem Studium fest übernommen zu werden, bildet sich natürlich eine starke Bindung der Studierenden an das jeweilige Unternehmen, nicht nur ökonomisch, sondern durchaus auch geistig. Durch die Konstruktion des dualen Studiums wird unternehmenskritisches oder auch nur freies, unbefangenes, vorurteilsfreies, hinterfragendes Denken nicht unbedingt gefördert. Denn das Ziel eines solchen Studiums

---

[69] https://www.studycheck.de/duales-studium Stand 5.6.2020
[70] https://www.hannover.ihk.de/ausbildung-weiterbildung/ausbildung/dualesstudium0/che-dual.html
Stand 23.5.2020, letzte Änderung der homepage der IHK vom 19.11.2019

aus Sicht des beteiligten Unternehmens ist nicht, freie, kritische, selbständig denkende junge Menschen hervorzubringen, sondern gut ausgebildete spätere Arbeitnehmer. Den Unternehmen geht es um Ausbildung statt Bildung.

Ich habe die Befürchtung, dass ein wirklich freier, unabhängiger akademischer Geist bei einer solchen Konstruktion nicht einfach zu erzeugen ist. Ich sehe hier die Gefahr, dass Unternehmensinteressen bis tief in die akademische Ausbildung hineingetragen werden, dass hier leicht ein Übergriff von Unternehmens- bzw. Geldinteressen in die Hochschulen stattfinden kann, vor allem über die Herzen der jungen Menschen.

Wo bleibt die Interessenvertretung der freien Wissenschaft?

Im Mai 2015 hatte ich ein längeres Gespräch mit Horst Hippler, der von Mai 2012 bis August 2018 Präsident der Hochschulrektorenkonferenz war, zum Thema gekaufte Forschung, Drittmittel, Stiftungsprofessuren usw. in Berlin.[71] Ich schätze Herrn Hippler sehr für seine Aussage, eine Universität müsse „mehr leisten als Ausbildung, nämlich Bildung" und seine damit zusammenhängende kritische Haltung zur Bologna-Reform.[72] Im privaten Gespräch waren wir uns völlig einig, dass wir uns „bloß nicht" die USA als Vorbild für unsere Hochschulforschung nehmen sollten. Dort herrsche ein dramatischer Einfluss der Großindustrie und existiere massiv gelenkte Forschung. In Deutschland sei die Situation,

---

[71] Wirtschaftswoche 15.5.2015, Streitgespräch Hippler – Kreiß: https://www.wiwo.de/technologie/forschung/von-unternehmen-finanzierte-forschung-unser-forschungssystem-geraet-auf-die-schiefe-bahn/11770910.html Stand 6.6.2020

[72] Spiegel-online 31.10.2012 http://www.spiegel.de/unispiegel/studium/hrk-wie-viel-horst-hippler-vertraegt-die-hochschulrektorenkonferenz-a-862256-2.html

was die Forschungsfreiheit an den Hochschulen angehe, viel besser. Wir seien viel unabhängiger, viel freier.

Die Jahresversammlung der Hochschulrektorenkonferenz (HRK) unter Leitung von Horst Hippler hatte 2016 zum Thema „Hochschule und Wirtschaft - Spielräume und Grenzen der Partnerschaft". Leider kam die Hochschulrektorenkonferenz damals zu dem Ergebnis, dass die Kooperationen von Hochschulen und Unternehmen durchaus weiter ausgebaut werden sollten. Als Argument wurde dabei genannt, dass die Drittmittel aus der Wirtschaft mit (damals) 1,8 Milliarden Euro sehr viel kleiner seien als die Drittmittel aus dem öffentlichen Bereich von sechs Milliarden Euro bei einer gesamten staatlichen Grundfinanzierung von ca. 23 Milliarden Euro. Hochschulen hingen „also gewiss nicht einseitig am Tropf der Wirtschaft."[73]

Das stimmt. Aber es ist nicht korrekt, die Drittmittelfinanzierung den gesamten Hochschulfinanzen gegenüberzustellen, also inklusive den hohen Ausgaben für die Lehre. Denn die Drittmittel fließen fast ausschließlich in den Bereich Forschung. Um den Anteil, den Einfluss und die Wichtigkeit der Drittmittel realistisch darzustellen, muss man sie den Forschungsausgaben der Hochschulen gegenüberstellen, nicht den Gesamtausgaben. Wenn man die Drittmittel den viel höheren Gesamtausgaben der Hochschulen gegenüberstellt, so kann man sie viel geringer erscheinen lassen, als sie in Wirklichkeit sind. Das ist aber nicht sehr seriös und nicht sehr ehrlich. Dieses Tricksen mit Zahlen ist beliebt, wenn man seine Argumentation mit Statistiken unterlegen will. Leider betonte bzw. stärkte die Hochschulrektorenkonferenz 2016 _nicht_ die Unabhängigkeit der Hochschulen, sondern spielte den Industrieeinfluss

---

[73]   https://www.hrk.de/presse/pressemitteilungen/pressemitteilung/meldung/hrk-jahresversammlung-an-der-freien-universitaet-berlin-3946/ Stand 10.5.2016

auf die Hochschulforschung mit fraglichen statistischen Methoden herunter.

Zwischenergebnis zur Hochschulfinanzierung

Von den derzeit etwa 105 Milliarden Euro Forschungsausgaben in Deutschland entfallen 18,6 Milliarden Euro oder etwa 17,7 Prozent auf die deutschen Hochschulen. Das ist nicht besonders viel. Die Industrieforschung hat beinahe viermal so viel Gelder zur Verfügung wie die Hochschulforschung. Man könnte meinen, dass an den Hochschulen im Gegensatz zur Industrieforschung unabhängige, freie, am Gemeinwohl statt an Gewinnen ausgerichtete Forschung stattfindet. Das ist jedoch ein Irrtum. Denn knapp die Hälfte (etwa 45 Prozent) der Forschungsgelder unserer Hochschulen stammt aus Drittmitteln. Drittmittel heißt, nicht der Forscher selbst bestimmt, worüber er forschen will, sondern Dritte, eben die Drittmittelgeber. Sodass der Anteil an wirklich frei gewählter, unabhängiger Forschung, der heute in unseren Hochschulen möglich ist, von der Geldseite her nicht 17,7, sondern nur etwa 8 Prozent der gesamten deutschen Forschung beträgt. Das ist nicht gerade viel.

Das war nicht immer so. Die Drittmittelfinanzierung hat in den letzten vier Jahrzehnten dramatisch zugenommen von etwa einem Fünftel der Forschungsausgaben 1980 auf knapp die Hälfte 2018. Die starke Kastration unabhängiger Forschung ist also ein jüngeres Phänomen. Die chronische Unterfinanzierung der Hochschulen durch die öffentliche Hand hat uns Hochschullehrer dazu gezwungen, immer stärker zu Bittstellern und Antragsschreibern zu mutieren.

Besonders stark hat der Einfluss von Industrieinteressen auf die Hochschulforschung zugenommen. Über massive Lobbyarbeit in den

Ministerialbürokratien sowie durch direkte Geldflüsse aus der Industrie wird heute an unseren Hochschulen mehr denn je im Dienste des Geldes, der Gewinnmaximierung und damit im Dienste einer kleinen Minderheit zu Lasten der Mehrheit bzw. des Gemeinwohls geforscht. Das zeigt sich unter anderem auch an der in den letzten 20 Jahren erheblich gestiegenen Zahl von Stiftungsprofessuren, deren Anteil sich von unter einem Prozent im Jahr 2000 auf über 3,5 Prozent aller Professuren heute mehr als verdreifacht hat.

Dazu kommt sehr starke, interessegeleitete Einflussnahme auf Forschungsfragen an den Hochschulen über eine große Zahl an Abschlussarbeiten, sowie Doktorarbeiten (und post-doc-Arbeiten), deren Fragestellungen von der Industrie vorgegeben wird. Außerdem ist der Einfluss der Industrie auf besonders begabte Studierende über das Deutschlandstipendium, über Förderpreise oder Industrieauszeichnungen dramatisch gestiegen. Und last not least ist die Zahl dualer Studienangebote, in denen heute etwa sechs Prozent der Erstsemester in unmittelbarer Kooperation mit Industrieunternehmen studieren, in den letzten 15 Jahren sprunghaft gestiegen.

Insgesamt hat der Einfluss von Industrieinteressen auf unsere Hochschullandschaft in den letzten 40 Jahren dramatisch zugenommen. Ich halte das für eine ungeheuer schlechte und gefährliche Entwicklung. Die gesellschaftlichen Schäden, die gekaufte Forschung anrichtet, habe ich versucht in meinem Buch Gekaufte Forschung 2015 aufzuzeigen und versuche ich in dem vorliegenden Buch anhand der Fallbeispiele weiter herauszuarbeiten. Die Schäden zeigen sich nicht nur direkt, sondern auch indirekt, indem wichtige gesellschaftliche Fragestellungen einfach unter den Tisch fallen, indem über manche Themen <u>nicht</u> geforscht werden kann, obwohl es bitter nötig wäre, weil einfach keine Ressourcen zur Verfügung stehen.

Finanzierung des „öffentlichen Bereichs und privater Institutionen ohne Erwerbszweck"

Oben wurde ausgeführt, dass sich 2018 die gesamten Forschungsausgaben in Deutschland auf etwa 105 Milliarden Euro beliefen, wovon 68,8 Prozent auf Forschungsausgaben im Wirtschaftssektor, 17,7 Prozent auf die deutschen Hochschulen und 14,2 Milliarden Euro oder 13,5 Prozent auf den öffentlichen Bereich und private Institutionen ohne Erwerbszweck entfielen.[74]

Wenden wir uns nun den 14,2 Milliarden Euro des öffentlichen Bereiches zu. Von diesen 14,2 Milliarden fließen etwa drei Viertel bzw. 10,5 Milliarden Euro in gemeinsam von Bund und Ländern geförderte Einrichtungen. Das sind im Wesentlichen die vier großen Forschungsgemeinschaften: die Helmholtz-Zentren mit 4,391 Milliarden Euro, die Fraunhofer Institute (2,562 Milliarden Euro), die Max-Planck-Institute (1,993 Milliarden Euro) und die Leibniz-Gemeinschaft (1,566 Milliarden Euro), zusammen also 10,512 Milliarden Euro.[75]

Laut DFG-Förderatlas 2018 betrug der Anteil der Drittmittel dieser Institute im Jahr 2015 (neuere Zahlen liegen noch nicht vor, da der DFG-Förderatlas alle drei Jahre erscheint) für die Helmholtz-Zentren 27,5 Prozent, bei den Fraunhofer Instituten 68,4 Prozent, der Leibnitz-Gemeinschaft 24,7 Prozent und bei der Max-Planck-Gesellschaft 15,0 Prozent.[76]

---

[74] Statistisches Bundesamt, 2020 (erschienen 24.2.2020), Finanzen und Steuern, Fachserie 14, Reihe 3.6, S.10
[75] Statistisches Bundesamt, 2020 (erschienen 24.2.2020), Finanzen und Steuern, Fachserie 14, Reihe 3.6, S.12
[76] DFG Förderatlas 2018 S.27

Die DFG schreibt zur Drittmittelsituation der vier Forschungsgemeinschaften: „Insbesondere für die Einrichtungen der Fraunhofer-Gesellschaft sind Drittmittel keine die Grundausstattung ergänzende Einnahmequelle, sondern das eigentliche Fundament der Finanzierung: Rund 68 Prozent der Einnahmen der FhG sind Drittmitteleinnahmen [...]. Die Institute der Fraunhofer-Gesellschaft kooperieren eng mit großen Konzernen sowie kleinen und mittleren Unternehmen (KMU).[77]

Die DFG hebt also die starke Industrieorientierung der Fraunhofer-Gesellschaften hervor, und zwar sowohl finanziell wie vor allem auch auf der inhaltlichen Ebene: Es zeigt sich, dass die Fraunhofer- Gesellschaft „eng" mit großen Konzernen und KMU zusammenarbeiten. Man kann also davon ausgehen, dass die Mehrheit der Forschungsfragen bei den Fraunhofer-Gesellschaften industriegeleitet statt unabhängig und frei ist.

Auch die Drittmittelquote der Helmholtz-Gesellschaften und der Leibniz-Gemeinschaften wird von der DFG als relativ hoch wahrgenommen. Lediglich bei der Max Planck-Gesellschaft spricht die DFG von einer wörtlich „moderaten" Drittmittelquote von 15 Prozent.[78] Zählt man die Drittmittel, die in die vier Forschungsgemeinschaften fließen, zusammen, so erhält man in Summe 3,646 Milliarden Euro.[79] Das entspricht 34,7 Prozent aller Geldmittel der vier Forschungsverbünde, also mehr als ein Drittel. Diese etwa 3,6 Milliarden Euro stehen also nicht für unabhängige und freie Forschung zur Verfügung.

---

[77] DFG Förderatlas 2018 S.26f.

[78] DFG Förderatlas 2018, S.27: „Auch die Drittmittelquoten der Helmholtz-Gemeinschaft (knapp 28 Prozent) sowie der Leibniz-Gemeinschaft (knapp 25 Prozent) liegen deutlich über dem Niveau der Hochschulen. Für die Max-Planck-Gesellschaft ist eine vergleichsweise moderate Drittmittelquote von 15 Prozent dokumentiert."

[79] Eigene Berechnung: Prozentanteil Drittmittel (2015) Mal Geldmittel 2018

Ergebnis der Finanzrechnung: Wie viel freie, unabhängige Forschung gibt es in unserem Land noch?

Maximal ein Fünftel freie, unabhängige Forschung in unserem Land

Rechnen wir zusammen. Es soll ermittelt werden, wie viel wirklich freie, unabhängige Forschung in unserem Land derzeit stattfindet. Mit „frei und unabhängig" ist dabei gemeint, dass der Forscher selbst allein und unabhängig die Forschungsfrage stellen kann.

Von den 104,8 Milliarden Euro Gesamtforschungsausgaben 2018 entfielen 72,1 Milliarden auf industrieinterne Forschung. Hier gibt die Konzernleitung im Dienste des Renditeziels die Forschungsfrage vor. Es bleiben also 32,7 Milliarden Euro in den Sektoren Hochschulen und öffentlicher Bereich. Von den 18,6 Milliarden Euro, die den Hochschulen zur Verfügung stehen, scheiden 45 Prozent aus, weil hier nicht der Forscher, sondern der Drittmittelgeber die Themen festlegt. Bleiben im Hochschulsektor etwa 10,3 Milliarden Euro für freie und unabhängige Forschung übrig. Im öffentlichen Bereich fallen 3,65 Milliarden Euro Drittmittel bei den vier großen Forschungsgemeinschaften an, bei denen der Forscher ebenfalls nicht selbst entscheiden kann, worüber er forschen will. Bleiben im öffentlichen Sektor also etwa 10,55 Milliarden Euro für freie Forschung. Ich habe keine Angaben dazu, ob und in welchem Umfang auf diese 10,55 Milliarden Euro von dritter Seite Einfluss genommen wird, daher unterstelle ich, dass sie für freie Forschung verwendet werden können, auch wenn mir das etwas optimistisch hoch erscheint.

In Summe erhalten wir also 10,55 Milliarden Euro plus 10,3 Milliarden Euro, macht 20,85 Milliarden Euro. Das entspricht 19,9 Prozent aller Forschungsausgaben in Deutschland. Im Ergebnis ist also in unserem

Land nur <u>ein Fünftel aller Forschung frei und unabhängig</u>, <u>vier Fünftel sind fremdbestimmte Forschung</u> in dem Sinne, dass der betreffende Forscher nicht frei und unabhängig über die Forschungsfrage entscheiden kann, sondern Vorgaben bekommt.

Ich glaube, ein Fünftel ist dabei noch zu optimistisch gerechnet. Denn hier fließen nicht die informellen Industrieeinflüsse auf die Forschungsfragen ein in Form von Themenvorgaben für Abschlussarbeiten (Bachelor, Master, Promotion), Deutschlandstipendium und andere Industriepreise und die 6 Prozent Erstsemester an den dualen Hochschulen, die in enger Kooperation mit der Industrie studieren. Außerdem sind von den 14,2 Milliarden Euro Forschungsausgaben, die in den öffentlichen Bereich und private Institutionen ohne Erwerbszweck fließen, lediglich die Drittmittel der vier Forschungsvereinigungen abgezogen. Ich glaube aber nicht, dass bei den restlichen 10,55 Milliarden Euro keinerlei Industrieeinfluss stattfindet.

Fazit zur Forschungslandschaft Deutschland

Vermutlich ein Sechstel freie, unabhängige Forschung in Deutschland, fünf Sechstel Auftragsforschung

Von den etwa 105 Milliarden Euro Forschungsausgaben in unserem Land stehen <u>maximal ein Fünftel</u> für wirklich freie, unabhängige Forschung zur Verfügung. Ich schätze, dass aufgrund informeller Einflüsse der Anteil freier Forschung in unserem Land in Wirklichkeit niedriger ist, eher bei vielleicht einem <u>Sechstel</u> oder gar darunterliegt. So oder so: Wirklich unabhängige, freie Forschung, die aus der Brust freier Forscher entspringt, ist nur ein kleiner Bruchteil der gesamten deutschen Forschungsausgaben. Wollen wir das wirklich?

Wenn wir heute Forderungen von Rektoren, Politikern oder aus der Industrie hören, die Hochschulforscher sollen ihre Kooperationen mit der Industrie ausbauen, sollen sich um mehr Drittmittel bemühen, die Fähigkeit zur Drittmitteleinwerbung bei neu zu berufenden Professoren bereits in der Stellenausschreibung festschreiben, so stelle ich mir die Frage: Um wieviel soll denn die freie, unabhängige Forschung noch weiter abgebaut werden? Ist ein Fünftel oder ein Sechstel freie Forschung denn immer noch zu viel? Soll die freie Forschung denn zuletzt fast ganz eingestellt werden? Und stattdessen fast nur mehr kapital- oder staatsbürokratiegelenkte Forschung stattfinden? Was geschieht in unserem Land eigentlich seit über einer Generation mit der Freiheit von Wissenschaft und Forschung?? Quo vadis, freie Forschung???

Teil II Fallbeispiele

TU München - Facebook 2019

Im Januar 2019 wurde auf einer Pressekonferenz bekanntgegeben, dass Facebook mit 7,5 Millionen Dollar die Gründung des europaweit ersten Ethikinstituts zur Erforschung Künstlicher Intelligenz an der TU München finanziert. Es ist das erste direkte Sponsoring einer deutschen staatlichen Universität durch Facebook.[80] Als Leiter des neuen Forschungsinstituts wurde Prof. Dr. Christoph Lütge, Inhaber des Peter-Löscher-Stiftungslehrstuhls für Wirtschaftsethik an der TUM, ernannt. (Peter Löscher ist ein früherer Vorstand von Siemens.) In der Presseerklärung wurde betont, dass Facebook das neue Ethikinstitut „ohne weitere Vorgaben unterstützt" und es wurde die Unabhängigkeit des Instituts vom Geldgeber Facebook betont. So sagte Joaquin Quiñonero Candela, der Direktor für Künstliche Intelligenz bei Facebook, in der Presseerklärung: „Wir freuen uns, die Gründung des unabhängigen TUM Institute for Ethics in AI unterstützen zu können".[81] Zur Institutseröffnung im Oktober 2019 hieß es dann in einer weiteren Presseerklärung, die Unterstützung fließe „ohne irgendwelche Auflagen und Erwartungen"[82]. In beiden Presseerklärungen der TU München wurde also besonders hervorgehoben, dass der Geldgeber Facebook keinerlei Einfluss auf die Inhalte der Forschung habe.

Um die Größenordnung der Facebook-Zahlung einzuordnen: Drittmittel in Höhe von 7,5 Millionen Dollar bzw. etwa 6,5 Millionen Euro sind für

---

[80] Netzpolitik.org 21.01.2019: https://netzpolitik.org/2019/warum-facebook-ein-institut-fuer-ethik-in-muenchen-finanziert/

[81] Presseerklärung TUM vom 20.1.2019: https://www.tum.de/nc/die-tum/aktuelles/pressemitteilungen/details/35188/

[82] Presseerklärung TUM vom 7.10.2019: https://www.tum.de/nc/die-tum/aktuelles/pressemitteilungen/details/35726/

einen Professor an einer deutschen Universität eine riesige Menge Geld. Im Durchschnitt wirbt ein Universitätsprofessor etwa 266.000 Euro pro Jahr ein, ein Fachhochschulprofessor 32.000 Euro.[83] Für 7,5 Millionen Dollar kann man jahrelang Dutzende von Mitarbeitern beschäftigen. Aus Facebook-Sicht sind 7,5 Millionen Dollar dagegen eher „Peanuts", sie entsprechen etwas mehr als einem Zehntausendstel der liquiden Mittel in Höhe von 52 Milliarden Dollar, die das Unternehmen momentan vor sich herschiebt und nicht recht weiß, wohin damit.[84]

Die Rolle des Gründungsdirektors

Die Auswahl des Gründungsdirektors gerade bei Fragen der Ethik in Zusammenhang mit Künstlicher Intelligenz ist ungeheuer sensibel und wichtig für den Geldgeber – gerade für den von ständigen Datenskandalen geplagten US-Multi Facebook: Ende Dezember 2019 ermittelten gegen den Konzern wegen Machtmissbrauchs und Ethikverstößen die US-Kartellbehörde, der Justizausschuss des Repräsentantenhauses und die Generalstaatsanwälte aus mehr als 30 Bundesstaaten.[85] Der Institutsleiter bestimmt maßgeblich worüber geforscht wird und vor allem

---

[83] https://de.wikipedia.org/wiki/Drittmittel, Stand März 2020

[84] Auf welt.de hieß es am 19.12.2019, kurz vor dem Deal mit der TU München unter der Überschrift „Das 52-Milliarden-Dollar-Problem offenbart die Abscheu gegen Facebook" zu den Problemen von Mark Zuckerberg: „Sein Unternehmen Facebook verfügt über Reserven in Höhe von 52 Milliarden Dollar – und weiß offenbar nicht, wohin damit. Die Summe, meinen Analysten, droht für längere Zeit ungenutzt herumzuliegen." Nun, ein ganz kleiner Teil davon wurde nun renditeträchtig der TU München zugeführt. https://www.welt.de/wirtschaft/article204294460/Gigantische-Reserve-Das-52-Milliarden-Dollar-Problem-offenbart-die-Abscheu-gegen-Facebook.html?wtrid=onsite.onsitesearch

[85] Vgl. Welt.de 19.12.2019: „Facebook, heißt es in Washington, missbrauche seine Dominanz. Von einem Monopol, das den Konkurrenten keine Chance lasse, ist die Rede. Gleich mehrere Stellen ermitteln gegen den Konzern: die US-Kartellbehörde FTC, der Justizausschuss des Repräsentantenhauses, die Generalstaatsanwälte aus mehr als 30 Bundesstaaten."

worüber NICHT geforscht wird, bestimmt darüber, welche Mitarbeiter eingestellt werden und welche NICHT. Für Facebook ist daher diese Personalfrage von entscheidender Bedeutung. Es wäre für den Konzern doch sehr unangenehm, wenn der Institutsdirektor und seine Crew Ethikfragestellungen im Sinne der Generalstaatsanwälte und der Justizbehörden aufgreifen würden statt im Sinne von Facebook. Das gilt es selbstverständlich unbedingt zu vermeiden. Werfen wir daher einen Blick auf die weltanschauliche Ausrichtung von Christoph Lütge.

Das Weltbild des Gründungsdirektors Christoph Lütge

Herr Lütge ist für eine industriefreundliche Weltanschauung, eine äußerst neoliberale, marktfundamentale Philosophie bekannt. So schreibt er in dem 2018 erschienenen, im deutschsprachigen führenden Ethik-Lehrbuch „Wirtschaftsethik", das er zusammen mit seinem Assistenten Matthias Uhl verfasst hat: Ein wichtiger Vorteil der Marktwirtschaft ist, „dass in ihr die <u>Bündelung von Macht systematisch verhindert wird</u>".[86] Das ist geradezu ein Persil-Schein für Konzerne. Der Quasi-Monopolist Facebook wird davon begeistert sein. Jemand, der so argumentiert, wird keine unbequemen Machtfragen stellen.

An einer anderen Stelle des führenden Wirtschaftsethikbuches steht: „Man kann das Eigeninteresse – innerhalb der geeigneten Rahmenordnung – gewissermaßen als eine ‚moderne Form der Nächstenliebe' begreifen. [...] Es gilt also nicht mehr der traditionelle Gegensatz zwischen gutem, altruistischem Verhalten und schlechtem Egoismus."[87] Kurz: Jesus würde heute Eigenliebe statt Nächstenliebe predigen. Eine interessante Aussage eines Ethikers. Strenggenommen wird damit alle Ethik aufgehoben. Denn genau der Unterschied zwischen Egoismus und

---

https://www.welt.de/wirtschaft/article204294460/Gigantische-Reserve-Das-52-Milliarden-Dollar-Problem-offenbart-die-Abscheu-gegen-Facebook.html
[86] Lütge/Uhl 2018, S. 41
[87] Lütge/Uhl 2018, S. 33

Altruismus ist der Kern fast aller Ethiksysteme. Jedenfalls ist das eine geniale Botschaft für Facebook: Seid egoistisch, maximiert eure Gewinne, dann seid ihr die Wohltäter der Menschheit.

Ein letztes Zitat aus dem Buch von Christoph Lütge: „Ein Entscheidungsträger, der in rationaler Weise seinen Nutzen maximiert, wird als Homo Oeconomicus bezeichnet. [...] So ist beispielsweise die Handlungsweise einer Mutter Theresa [...] völlig vereinbar mit dem Modell des Homo Oeconomicus.“[88] Also egal ob Konzernchef von Facebook oder Mutter Theresa: Beide maximieren nur ihren Nutzen und damit ist alles gut. Christoph Lütges Moral läuft auf einen Blankoscheck für Konzernlenker hinaus: Besser kann es für Facebook nicht laufen. Christoph Lütge ist einfach der ideale Mann als Direktor eines Ethikinstituts für Künstliche Intelligenz von Facebooks Gnaden: Ein vehementer Fundamentalvertreter der neoliberalen Doktrin und bekennender Anhänger von Milton Friedman. So jemand stellt keine für Facebook unbequemen Ethik- oder Machtfragen.

Nach Ansicht Christoph Lütges und der neoliberalen Weltsicht wendet die „unsichtbare Hand“ des Marktes alles zum Guten, allen Egoismus verwandelt sie auf geheimnisvolle Weise in Altruismus und dient damit dem Wohle aller. Diese etwa 250 Jahre alte Aussage von Adam Smith ist mit Blick auf die Finanzkrise von 2007/08 und die heutigen Umweltprobleme, Kinderarbeit, Plastikmüllberge, zunehmende Ungleichverteilung und soziale Schieflagen usw. usw. reichlich absurd. Sie ist ein Glaubensbekenntnis der Freien-Markt-Fundamentalisten und hat meiner Meinung nach wenig mit der Wirklichkeit zu tun.

---

[88] Lütge/Uhl 2018, S. 81

Konsequenterweise bestreitet Christoph Lütge beispielsweise auch die Ausbeutung in der Dritten Welt. In einem Interview im Deutschlandfunk antwortete er im November 2019 auf die Frage: „Wer zahlt denn am Ende den Preis für die Dumping-Preise? Sind das die Arbeiterinnen und die Arbeiter, die zum Beispiel in Asien die Billigproduktion mit extrem niedrigen Löhnen möglich machen? (Lütge): Über solche Argumente muss ich mich wirklich lustig machen. Das ist einfach kompletter Unsinn. Das muss ich einfach mal ganz klar so sagen […] Das ist nichts, was auf irgendwelche Arbeiter in Asien oder in anderen Regionen der Welt abgewälzt wird, wo übrigens auch mittlerweile die Löhne deutlich gestiegen sind. Diese Vorstellung von manchen Leuten hier in Deutschland, wir beuten hier irgendwelche Leute in Asien aus, das ist einfach kompletter Humbug […] alle profitieren, und die Länder selbst sogar am meisten. Die haben sich seitdem massiv entwickelt. Die haben die großen Vorteile davon und wir haben letztlich die günstigen Produkte, und zwar gerade davon profitieren diejenigen, die weniger Geld haben. Das ist eine Win-Win-Situation, das ist völlig klar."[89]

Wie Institutsdirektor Christoph Lütge den Deal sieht

Selbstbild und Außenbild können manchmal verblüffend weit auseinanderliegen. Gegenüber dem Handelsblatt sagte Christoph Lütge bei der Institutseröffnung im Oktober 2019: „Auch Facebook hat gezielt nach einer Institution in Deutschland gesucht, gerade weil wir so kritisch sind."[90] Das ist eine sehr interessante Aussage, wenn man sie seinen oben zitierten Ausführungen gegenüberstellt.

---

[89] Interview Deutschlandradio Kultur 19.11.2019: https://www.deutschland-funk.de/billigprodukte-im-black-friday-sale-niemand-wird.694.de.html?dram:article_id=464611

[90] Handelsblatt 07.10.2019: https://www.handelsblatt.com/technik/it-internet/kuenstliche-intelligenz-ki-institut-entwickelt-regeln-fuer-die-zukunfts-technologie-/25084022.html?ticket=ST-33960400-2Uh41PlTf1eUIBlfowln-ap2

Jedenfalls gibt es in den Augen des kritischen Institutsdirektors Christoph Lütge keine Einmischung durch Facebook: „„Es gibt überhaupt keine Auflagen seitens Facebook, sondern wir bekommen dieses Geld, um unabhängige Forschung zu finanzieren", sagte er im Interview mit der Tagesschau. „Sonst würde ich es auch gar nicht machen.""[91] Dass Christoph Lütge seine Ernennung durch Facebook nicht als Einmischung sieht, kann an Blindheit liegen, die Aussage ist jedenfalls objektiv falsch, wie bereits ein flüchtiger Blick auf den Briefkopf oder gar in das Abkommen zeigt. Die Position von Christoph Lütge ist kein Wunder. Er gab ja einmal ganz unumwunden zu, dass er die Gelder bei Facebook direkt als Drittmittel selbst aktiv eingeworben habe.[92] Direkte Drittmittel bekommt man nur, wenn man im besten Einvernehmen mit dem Drittmittelgeber ist. Dann ist man seinem Sponsor natürlich dankbar, das ist ganz menschlich, und der Unterstützer soll natürlich auch etwas davon haben.

Die Ansicht, dass er persönlich vollkommen unabhängig forschen kann und er keine Auflagen von Facebook bekommt, ist sicherlich richtig. Auflagen, Gängelung, Maulkörbe muss man als Konzern nur bei Andersdenkenden anwenden, nicht bei solchen, die ohnehin aus Überzeugung die Konzernmeinung vertreten.[93]

---

[91] Netzpolitik.org 21.01.2019: https://netzpolitik.org/2019/warum-facebook-ein-institut-fuer-ethik-in-muenchen-finanziert/

[92] Netzpolitik.org 18.12.2019: „Lütge sieht das nicht als Problem. „Irgendjemand hat diese Drittmittel schließlich eingeworben", sagt er auf Nachfrage. Es sei also verständlich, dass Facebook auf seiner Person beharre." https://netzpolitik.org/2019/ein-geschenk-auf-raten/

[93] So heißt es bei Netzpolitik.org am 21.1.2019: „Es klingt aber auch nicht so, als sei das notwendig (dass Facebook in einem Beratungsgremium des Ethikinstituts mitredet), denn Lütges Vorstellungen entsprechen ohnehin den strategischen Interessen des Konzerns.": https://netzpolitik.org/2019/warum-facebook-ein-institut-fuer-ethik-in-muenchen-finanziert/

Ferner führte Christoph Lütge aus, er habe kein Problem damit, wenn Facebook einen Imagevorteil aus der Sache ziehe. „Kann sein, dass es einen Reputationseffekt gibt. Das würde ich aber nicht verkehrt finden." Er habe „nichts gegen einen Win-Win-Effekt, von dem auch Facebook profitiert."[94] Auch diese Position überrascht nicht. Wie erwähnt ist man seinem Drittmittelgeber, vor allem, wenn man die Gelder direkt eingeworben hat, natürlich dankbar, und deshalb soll Facebook natürlich auch etwas davon haben. Eine Hand wäscht die andere.

Die Aussage, dass das von Facebook finanzierte Ethikinstitut ein Deal mit Vorteilen für beide Seiten ist, stimmt. Win-win gilt für alle Arten von Korruption, es ist geradezu das Grundprinzip von Bestechung. Beide Seiten gewinnen, die gebende und die nehmende Hand, beide Seiten schneiden sich ihren Vorteil aus dem Kuchen heraus - zu Lasten der Allgemeinheit. Ich behaupte nicht, dass Christoph Lütge von Facebook bestochen wird. Das ist gar nicht nötig. Marc Zuckerberg und Sheryl Sandberg muss man auch nicht bestechen, damit sie die Interessen von Facebook vertreten.

Kurz: Christoph Lütge ist ein stramm radikaler Marktfundamentalist, der ideale Mann für Facebook. Und so können wir uns fragen: Wie verlief eigentlich die Stellenbesetzung durch die TU München?

Personalauswahl und Stellenbesetzung

Zunächst stellt sich die grundsätzliche Frage nach der Findung eines Instituts-Gründungsdirektors. Bei der Besetzung von Instituten an staatlichen Hochschulen müssen nach Art. 33 Abs. 2 Grundgesetz diejenigen Bewerber zum Zuge kommen, die für solche Stellen am besten geeignet sind. Im Wortlaut heißt es im Grundgesetz: „Jeder Deutsche hat nach seiner Eignung, Befähigung und fachlichen Leistung

---

[94] Netzpolitik.org 21.01.2019: https://netzpolitik.org/2019/warum-facebook-ein-institut-fuer-ethik-in-muenchen-finanziert/

gleichen Zugang zu jedem öffentlichen Amte." Wer im öffentlich-rechtlichen Wissenschaftsbereich am besten geeignet oder befähig ist, wird normalerweise durch öffentliche Stellenausschreibungen, ein Bewerbungsverfahren und anschließende Auswahl durch ein unabhängiges Gremium von Experten, z. B. einer unabhängigen Berufungskommission, ermittelt.

Im Falle der Besetzung des neu gegründeten „TUM Institute for Ethics in Artificial Intelligence" gab es jedoch kein solches Auswahlverfahren. Die Leitung der TU München setzte stattdessen in Absprache und im wohlwollenden Einvernehmen mit dem Geldgeber Facebook ohne jegliches Auswahlverfahren direkt Christoph Lütge ein. Damit hatten andere ausgewiesene Ethikexperten, die beispielsweise der Denkrichtung der „integrativen Wirtschaftsethik" angehören, keine Chance, sich auf diese Stelle zu bewerben. Die von Peter Ulrich in St. Gallen entwickelte integrative Wirtschaftsethik verlangt im Gegensatz zu der von Christoph Lütge vertretenen neo-liberalen Institutionenethik, dass alle Individuen, auch innerhalb von Unternehmen, sich ethisch und anständig verhalten müssen.[95]

Dieser weltanschauliche Blick in die Welt führt zu einer wesentlich kritischeren – und in meinen Augen sehr viel realistischeren – Haltung gegenüber Konzernen wie Facebook. Ich kenne persönlich zwei Vertreter dieser Denkrichtung, ausgewiesene wissenschaftliche Ethikexperten, die beide von dieser Stelle nichts wussten und sich daher nicht darauf bewerben konnten. Meines Erachtens war die Vorgehensweise bei der Ernennung des Gründungsdirektors Lütge daher nicht grundgesetzkonform, die Stelle müsste meines Erachtens neu ausgeschrieben werden und ein Verfahren eingeleitet werden, das sicherstellt, dass die Stelle wirklich frei und unabhängig besetzt wird – durch den am besten geeigneten Kandidaten. Sicher ist: Es gab kein Bewerbungsverfahren und damit blieb die freie Wissenschaft auf der Strecke.

---

[95] https://de.wikipedia.org/wiki/Integrative_Wirtschaftsethik

Die Auswahl der Person Christoph Lütge und seine Ernennung durch Facebook war sicher kein Zufall. Christoph Lütge selbst sagt, der Deal sei deshalb zustande gekommen, weil er während seiner Mitarbeit in internationalen Ethikkommissionen „einige hochrangige Facebook-Mitarbeiter kennengelernt habe."[96] Man lernt sich kennen und schätzen und sorgt dafür, dass Leute, die man schätzt und mit denen man gleiche Werte teilt, die 7,5 Millionen Dollar bekommen. C'est la vie. Das bestätigte auch ein Sprecher der TU München: Facebook sei aktiv auf Christoph Lütge mit der Ethikinstitutsidee zugegangen. „Der TU-Professor sei durch sein Engagement auf europäischer Ebene aufgefallen", schrieb der Tagesspiegel im März 2019.[97]

Was steckt dahinter?

Warum kritische Denker der integrativen Wirtschaftsethik durch die TU München erst gar nicht gefragt oder gar eingeladen wurden, sich auf diese Stelle zu bewerben, ist leicht zu erraten. Facebook würde solchen Individuen niemals auch nur einen Cent Geld zur Verfügung stellen. Denn kritische Wirtschaftsethiker würden auch kritische Fragen zu den Praktiken von Facebook stellen. Und da die Ethikbrüche des Konzerns eine tagtägliche Selbstverständlichkeit sind, käme genau dies bei wissenschaftlichen Untersuchungen eines Ethikinstituts auch heraus: ständige Ethikverstöße durch Facebook. Das wäre für Facebook natürlich eine Katastrophe. Genau dies gilt es ja durch das neu gegründete Ethikinstitut zu verhindern. Das ist meiner Einschätzung nach exakt der Zweck dieses Instituts unter Christoph Lütge: Von den Ethikskandalen von Facebook abzulenken und solche Vorwürfe von dem Konzern fernzuhalten. Und damit kommen wir zum Kern der ganzen Affäre Facebook – TU München.

---

[96] SZ 21. Januar 2019: https://www.sueddeutsche.de/muenchen/facebook-tu-muenchen-finanzierung-lehrstuhl-1.4297197
[97] Tagesspiegel 7.3.2019: https://www.tagesspiegel.de/wissen/ki-institut-der-tue-muenchen-forschen-mit-facebook-geld/24064258.html

Der Professor für Theoretische Philosophie am Philosophischen Seminar der Johannes Gutenberg-Universität Mainz, Thomas Metzinger, bringt die Absicht, mit der das Ethikinstitut gegründet wurde, gut auf den Punkt. Er bezeichnet das an der TU München neu gegründete Ethikinstitut als eine „Ethik-Waschmaschine":

„Von Fake News zu Fake Ethik: Ich beobachte derzeit ein Phänomen, das man als „ethics washing" bezeichnen kann. Das bedeutet, dass die Industrie ethische Debatten organisiert und kultiviert, um sich Zeit zu kaufen – um die Öffentlichkeit abzulenken, um wirksame Regulation und echte Politikgestaltung zu unterbinden oder zumindest zu verschleppen. Auch Politiker setzen gerne Ethik-Kommissionen ein, weil sie selbst einfach nicht weiterwissen – und das ist ja auch nur menschlich und ganz und gar nachzuvollziehen. Die Industrie baut aber gleichzeitig eine „Ethik-Waschmaschine" nach der anderen: Facebook hat in die TU München investiert – in ein Institut, das KI-Ethiker ausbilden soll."[98]

Thomas Metzinger ist nicht irgendwer, sondern ein ausgewiesener Experte auf diesem Gebiet. Er wurde beispielsweise in die „High Level Expert Group on Artificial Intelligence" (HLEG AI) als Vertreter der Europäischen Universitätsvereinigung („European University Association") berufen. Er trifft mit seiner Aussage, das TU-Facebook-Ethikinstitut soll von den tatsächlichen Ethik-Fragen, die das Verhalten von Facebook aufwirft, ablenken, etwaige gesetzliche Gegenmaßnahmen verzögern und das Ausmaß der Verstöße verschleiern, den Nagel auf den Kopf. Das sind altbewährte Praktiken im Missbrauch der Wissenschaft, die schon die Tabakindustrie vor über 50 Jahren systematisch angewendet hat,

---

[98] „Standpunkt: Ethik-Waschmaschinen made in Europe", Tagesspiegel 08.04.2019: https://background.tagesspiegel.de/ethik-waschmaschinen-made-in-europe

indem sie Wissenschaftler gekauft und dadurch Forschungsergebnisse strukturell manipuliert hat.

Thomas Beschorner, Professor für Wirtschaftsethik und Direktor des Instituts für Wirtschaftsethik der Universität St. Gallen, sieht das ähnlich. Die 7,5 Millionen Dollar von Facebook seien „keine Spende fürs Gemeinwohl, sondern eine Investition ins eigene Geschäft."[99] Es solle über bestimmte Dinge gerade nicht geforscht werden, insbesondere ordnungspolitische Regulierungen durch den Gesetzgeber: „"weiche" Selbstverpflichtungen genügen, so scheint schon vor der beginnenden Forschung festzustehen. Facebook-Gründer Mark Zuckerberg und Geschäftsführerin Sheryl Sandberg wird es freuen".[100]

Die Verträge werden geleakt

Wir fassen zusammen: TU München, Facebook und Gründungsdirektor Christoph Lütge beteuern die vollkommene Unabhängigkeit des neu gegründeten Ethikinstituts von Geldgeber Facebook. Insbesondere nehme der US-Konzern keinerlei Einfluss auf Personalentscheidungen oder Inhalte des Ethikinstituts.

Dann wurden das Übereinkommen sowie zwei weitere Kooperationen der TU mit Facebook, vermutlich zum Entsetzen aller Beteiligten, geleakt. Anfang Dezember 2019 wurde mir über einen Mittelsmann, der Kontakt zu einem whistleblower hat, der Kooperationsvertrag zu dem Ethikinstitut zugespielt.[101] Und es stellte sich heraus, dass praktisch alle die Unabhängigkeitsbeteuerungen von TU München, Facebook und

---

[99] Spiegel.de 1.2.2019: https://www.spiegel.de/netzwelt/web/facebook-foerdert-die-ki-forschung-an-der-tu-muenchen-gastbeitrag-a-1250796.html
[100] Spiegel.de 1.2.2019: https://www.spiegel.de/netzwelt/web/facebook-foerdert-die-ki-forschung-an-der-tu-muenchen-gastbeitrag-a-1250796.html
[101] Insgesamt bekam ich bei zwei Treffen mit dem Mittelsmann drei Dokumente ausgehändigt. Ich selbst kenne den whistleblower nicht, nur den Mittelsmann. Alle drei geleakten Dokumente können auf meiner homepage www.menschengerechtewirtschaft.de heruntergeladen werden

Christoph Lütge objektiv unwahr waren, möglicherweise schlichtweg Lügen.

Das vorher geheim gehaltene Kooperations-Dokument zur Gründung des Ethikinstituts ist ein Brief mit dem Namen „Facebook Unrestricted Gift Letter" an die TU München. Der Brief, dessen Echtheit die TU München bestätigte, wurde am 25. und 28. Januar seitens der TU München von Präsident Herrmann und „Director and Professor Dr. Christoph Lütge", seitens Facebook von Vice President of Artificial Intelligence Jerome Pesenti unterschrieben. Der Brief ist an Präsident Wolfgang Herrmann und zu Händen („attn") Christoph Lütge adressiert.

Jederzeitiger Mittelstopp seitens Facebook möglich

In dem Brief steht, dass das uneingeschränkte Forschungsgeschenk („unrestricted research gift") in fünf gleichen Jahrestranchen von jeweils 1,5 Millionen Dollar ausgezahlt wird und sich so auf insgesamt 7,5 Millionen Dollar belaufen sollte („_should_ total $7.5M."). Der endgültige Betrag ist jedoch nicht garantiert, wie bereits die Wortwahl „should" zeigt, denn Facebook kann nach Zahlung der ersten Teiltranche jederzeit, ohne Angabe von Gründen weitere Zahlungen einfach einstellen („After The payment for 2019 Facebook holds discretion to continue or terminate with effect for The future and will reconfirm its commitment and financial support each year in writing").

Facebook behält sich also ausdrücklich das Recht vor, nach Zahlung der ersten Tranche von 1,5 Millionen US-Dollar ohne Begründung jederzeit die Auszahlung weiterer Gelder zu beenden. Mit anderen Worten: Falls die Forschung oder die veröffentlichten Ergebnisse nicht im Sinne von Facebook verlaufen, können die Mittel jederzeit nach Gutdünken gestoppt werden.

Forschungsprojekte dauern meistens mehrere Jahre: Man überlegt sich die Forschungsfragen, stellt Personal ein und dann läuft die Forschung an. Was passiert nun mit den Leuten nach einem Jahr, wenn plötzlich die Mittel ausbleiben, weil Facebook nach Gutdünken („at discretion") beschlossen hat, nicht weiterzuzahlen? Wie frei und unabhängig ist man eigentlich in den Forschungsfragen und -resultaten, wenn ständig das Damoklesschwert der Mittelbeendigung über den Forschern schwebt, falls nicht Facebook-genehme Forschung herauskommt? Ist das wirklich die Finanzierung von freier, ergebnisoffener, unbeeinflusster Forschung, „ohne irgendwelche Auflagen und Erwartungen"? Wie ausgewogen mag solche Forschung sein, wenn potenzielle Kritik an Facebook das sofortige Ende der Forschung darstellt?

Die Personalie Christoph Lütge als Gründungsdirektor des Instituts ist Vorgabe von Facebook

In dem Brief heißt es ausdrücklich, dass der Gründungsdirektor des neuen Ethikinstituts Prof. Dr. Christoph Lütge werden <u>muss</u> („with Prof. Dr. Christoph Lütge [...] becoming The founding director.)" Jegliche Abweichung von dieser Vorgabe bedarf ausdrücklich der vorherigen schriftlichen Zustimmung von Facebook („Any variation from this use of The Gift requires advance written approval from Facebook"). Insbesondere darf also keine andere Person als Christoph Lütge dieses Institut leiten und über die Verwendung der Facebook-Mittel bestimmen – unter Androhung des sofortigen Mittelentzugs bei Zuwiderhandlung (siehe oben Punkt 1.). Dass niemand anderer als Christoph Lütge Gründungsdirektor und Verfügungsbemächtigter über die Facebook-Gelder sein darf, zeigt bereits der Briefkopf. Der Brief ist ja, wie erwähnt, an Präsident Herrmann und Christoph Lütge adressiert und von diesen beiden Vertretern der TU München gegengezeichnet. Die Person Christoph Lütge spielt also offenbar bei der 7,5 Millionen Dollar-Finanzierung die Schlüsselrolle. Man könnte den Facebook-Brief an die TU München auch als Ernennungsurkunde von Hr. Lütge bezeichnen.

Das bedeutet, dass, anders als in den offiziellen Verlautbarungen beteuert, Facebook unmittelbaren und <u>direkten Einfluss auf die Ernennung des Gründungsdirektors</u> nimmt, außerdem sich vorbehält, seiner Absetzung schriftlich zu widersprechen und, um diesen Einflussnahmen die entsprechende Drohkraft zu geben, bei Zuwiderhandlung die Geldzahlung sofort ohne Angabe von Gründen stoppen zu können. Die unmittelbare Einflussnahme von Facebook auf die Spitzen-Personalie ist damit wohl durchdacht und perfekt sichergestellt.

In einem ähnlichen Fall, der Kooperation der Universität Mainz mit der Boehringer Ingelheim Stiftung, gab es ähnliche Einflussmöglichkeiten für den Geldgeber. Ein umfangreiches unabhängiges Gutachten eines Rechtsprofessors kam hier zu dem Schluss, dass diese Einflussnahme des Geldgebers verfassungswidrig ist.[102] Ich gehe davon aus, dass die Kooperation von der TU München mit Facebook daher ebenfalls verfassungswidrig ist.

Wie die Politik reagierte

Die bayerische Staatsregierung stellte sich von Anfang an uneingeschränkt auf die Seite von Facebook und TU München, statt die Integrität der Wissenschaft an öffentlich-rechtlichen Hochschulen zu schützen. Bayerns Wissenschaftsminister Bernd Sibler begrüßte den 7,5 Millionen Dollar-Finanztransfer ausdrücklich. Er bezeichnete im März 2019 die Kooperation als „ein Zeichen für die „internationale Strahlkraft des Wissenschaftsstandortes Bayern". Die Unabhängigkeit der akademischen Forschung sei selbstverständlich."[103]

Nach dem Auftauchen der geleakten Verträge war die Situation für das bayerische Wissenschaftsministerium natürlich ziemlich heikel, weil sich herausstellte, dass die Aussagen zur Unabhängigkeit des Ethikinstituts einfach nicht stimmten. Man hatte zuvor durch ministerielles Lob das Ethikinstitut gefeiert. Zur Eröffnung des Instituts im Oktober 2019

---

[102] Siehe Kapitel Uni Mainz – Boehringer Ingelheim Stiftung
[103] Tagesspiegel 7.März 2019: https://www.tagesspiegel.de/wissen/ki-institut-der-tue-muenchen-forschen-mit-facebook-geld/24064258.html

war gar extra Staatsministerin Dorothee Bär, Beauftragte der Bundesregierung für Digitalisierung, gekommen.[104] Nach solchem politischen Tam-Tam und Lob nun im Nachhinein zuzugeben, dass das vielleicht eine Fehleinschätzung war, fällt Politikern natürlich u.a. aus Eitelkeitsgründen ziemlich schwer. Und so lavierte sich die bayerische Staatregierung nur noch tiefer in das Schlamassel, indem sie Fehlaussagen machte, um die eigene Entscheidung in der Vergangenheit zu rechtfertigen. Das liegt nahe: Fehlereingeständnisse fallen Politikern zum einen immer extrem schwer, zum anderen könnten sie beim Wahlvolk schlecht ankommen.

Man vertraue „selbstverständlich" auf die Sicherstellung der Unabhängigkeit der TU München, beteuerte die bayerische Staatsregierung am 20.Dezember 2019.[105] Auch nach Veröffentlichung der geleakten Verträge dementierte also das bayerische Wissenschaftsministerium jegliche Einflussnahme durch Facebook auf Inhalte und Personal.[106] Offenbar hat man im Ministerium den Unrestricted Facebook Gift Letter nicht allzu genau gelesen. „Das bayrische Ministerium für Wissenschaft sagt aber, das so zu lesen, als habe Facebook Mitspracherecht beim Personal, das sei abwegig."[107] Das ist eine bemerkenswerte Feststellung. Denn man kann ja schon am Briefkopf erkennen, dass die Aussage des Ministeriums nicht stimmt.

---

[104] https://www.tum.de/nc/die-tum/aktuelles/pressemitteilungen/details/35726/

[105] SZ 20. Dezember 2019: https://www.sueddeutsche.de/muenchen/ethik-institut-volles-vertrauen-in-die-tum-1.4732086

[106] Deutschlandfunk 17.12.2019: https://www.deutschlandfunk.de/drittmittelfinanzierung-wenn-facebook-der-forschung-den.680.de.html?dram:article_id=466082

[107] Deutschlandfunk 17.12.2019: https://www.deutschlandfunk.de/drittmittelfinanzierung-wenn-facebook-der-forschung-den.680.de.html?dram:article_id=466082

Die hochschul- und wissenschaftspolitische Sprecherin der Grünen im bayerischen Landtag, Verena Osgyan, stellte etwa zwei Wochen nach Auftauchen der geheimen Dokumente am 18.12.2019 eine schriftliche Anfrage an die bayerische Staatsregierung zu den konkreten Inhalten der Verträge und ob die Unabhängigkeit der TU München von Facebook tatsächlich gewährleistet sei (die Anfrage und die Antwort der bayerischen Staatsregierung darauf kann auf meiner Homepage abgerufen werden).[108]

In der Antwort der bayerischen Staatsregierung vom 3.2.2020, die von Staatsminister für Wissenschaft und Kunst Bernd Sibler unterzeichnet ist, heißt es u.a. auf „Frage 3.1 Stimmt es, dass Facebook bestimmte Erwartungen an die TU München gesteckt hat (z. B. personelle Besetzungen)?"

„Die Schenkungsvereinbarung (Gift Letter) zwischen TUM und Facebook hat die Förderung von Grundlagenforschung und verbundener Lehre des TUM Institute for Ethics in Artificial Intelligence zum Inhalt und enthält – von dieser ganz allgemeinen thematischen Zweckbindung abgesehen – keine Vorgaben oder sonstigen Einflussnahmemöglichkeiten des Förderers Facebook auf die unabhängig durchzuführenden Forschungen der TUM sowie auf Veröffentlichung und Verbreitung der Forschungsergebnisse. … Facebook kommt auch kein Mitspracherecht bei Personalbesetzungen oder sonstigen Entscheidungen des Instituts zu."

Nun steht in dem vom Minister angegebenen Gift Letter aber ausdrücklich: „It is our expectation that TUM will use The Gift (except TUM's overheads) to create and conduct basic research and related teaching in The TUM Institute for Ethics in Artificial Intelligence with Prof. Dr. Christoph Lütge, Peter Löscher Chair of Business Ethics, TUM, becoming The founding director. Any variation from this use of The Gift requires advance written approval from Facebook." Zur Erinnerung: Wie oben

---

[108] Unter www.menschengerechtewirtschaft.de

bereits ausgeführt macht Facebook ganz unumwunden eine entscheidende personelle Vorgabe: Gründungsdirektor <u>muss</u> Christoph Lütge werden. Jegliche Abweichung davon bedarf ausdrücklich der vorherigen schriftlichen Zustimmung von Facebook. Auch die Möglichkeit von Facebook, nach Belieben, ohne Angabe von Gründen jederzeit die weiteren Auszahlungen einzustellen, ist ein gutes Druck- und Drohmittel gegen unliebsame Forschungsergebnisse. Zeitungen und Privatfernsehen berichten auch selten Negatives über ihre Werbegeldgeber, sonst schneiden sie sich von ihrer Finanzquelle ab.

Die bayerische Staatsregierung dagegen antwortete auf die Frage von Verena Osgyan, die genau auf dieses Druckmittel zielt, „Stimmt es, dass Facebook die gestifteten Gelder in Tranchen auszahlt und sich die Einbehaltung weiterer Tranchen – auch ohne Angabe von Gründen – vorbehält?" Antwort der Regierung: „Die Überweisung des in Aussicht gestellten Förderbetrags in vorschüssigen Jahresraten ist eine allgemeine, auch in Deutschland übliche Verfahrensweise, die dem bedarfsgerechten Mittelabfluss für die geförderten Projekte dient. Inhaltliche Vorbehalte zugunsten von Facebook sind damit nicht verbunden."

„Inhaltliche Vorbehalte zugunsten von Facebook" gibt es also für die Bayerische Regierung nicht, wenn der Geldgeber jederzeit ohne Angabe von Gründen die Geldzahlungen einstellen kann. So kann man die Dinge natürlich auch sehen. Aber mit der Wirklichkeit hat das m.E. nicht viel zu tun. Ein Mitglied des bayerischen Landtags sagte mir im persönlichen Gespräch, unter vorgehaltener Hand fänden auch viele CSU-Landtagsabgeordnete den Facebook-Deal indiskutabel. Aber aus Loyalität mit der Regierung sage man das eben nur unter vorgehaltener Hand.

Die Aussage von Minister Sibler, dass es „keine Vorgaben oder sonstigen Einflussmöglichkeiten" gebe und dass Facebook „kein Mitspracherecht bei Personalbesetzungen" hat, ist meiner Meinung nach eine objektive Unwahrheit.

Exkurs: Anmerkungen zu zwei weiteren Verträgen zwischen Facebook und TU München, die geleakt wurden

Am Rande sei noch Folgendes bemerkt. Es gibt unabhängig von dem Deal mit dem Ethikinstitut noch zwei weitere Verträge zwischen Facebook und der TU München aus dem Jahr 2019, die mir zugespielt wurden. Sie betreffen zwei ganz konkrete Forschungskooperationen mit einzelnen Lehrstuhlinhabern der TU. Die beiden Verträge stehen auf meiner Homepage und können dort frei heruntergeladen werden.[109] Einer davon ist das sogenannte RDA (Research and Development Agreement) von Mai/ Juni 2019, zu dem die bayerische Grünen-Landtagsabgeordnete Verena Osgyan folgende Frage stellte:

„Frage 1.2 Stimmt es, dass das RDA eine Regelung enthält, wonach sich die TUM dazu verpflichtet exklusiv mit Facebook im Bereich der Augmented/VirtualReality-Forschung zu arbeiten?" Die Antwort des bayerischen Wissenschaftsministers darauf lautet: „Der Forschungs- und Entwicklungsvertrag schränkt die Forschung der TUM zu Themen wie z.B. Virtuelle Realität in keiner Weise ein und begründet keine exklusiven Rechte. Die TUM kann die aus dem Projekt erzielten Arbeitsergebnisse intern in Forschung und Lehre nutzen. Wie üblich wird lediglich vereinbart, dass die TUM die projektbezogenen Arbeitsergebnisse, die sie im Auftrag und auf Kosten von Facebook entwickelt hat, nicht mit kommerziellen Dritten in dem Bereich erweiterte und virtuelle Realität nutzen darf."

Also: Der RDA-Vertrag „begründet keine exklusiven Rechte" für Facebook. Nun steht aber in diesem RDA-Vertrag zu Virtual Reality, für den Facebook 260.000 Euro an die TU zahlt, in §6 Absatz 2: „The rights in and to inventions and inventive contributions [...] will be assigned to Client" (das ist Facebook). Und in §7 Absatz 2 heißt es: „As between the parties Client [Facebook] shall be exclusively entitled to the intellectual

---

[109] Unter www.menschengerechtewirtschaft.de

property right including the priority right." Ich lese den Vertrag als juristischer Laie so, dass Facebook also „exclusiv alle Rechte am intellektuellen Eigentum der Forschungen, einschließlich dem Prioritätsrecht", das Recht zur prioritären Nutzung der Ergebnisse, bekommt.

Wie Wissenschaftsminister Sibler zu dem Ergebnis kommt, der Vertrag „begründet keine exklusiven Rechte" für Facebook, verstehe ich einfach nicht.

Reaktionen aus der TU München

Die renommierte Philosophin Lisa Herzog war von Sommer 2016 bis Oktober 2019 Inhaberin der Professur für Politische Philosophie und Theorie an der TU bzw. deren Hochschule für Politik München. Zum 1. Oktober 2019 wechselte sie auf eine Professur für Philosophie an die Universität Groningen in den Niederlanden. In einem längeren Spiegel-Artikel von Oktober 2019 heißt es: „Zu ihrem Wechsel von München nach Groningen hat sich Herzog auch unter dem Eindruck eines unziemlichen Einbruchs eines Internetkonzerns in die Integrität der Forschung entschlossen. Sie protestierte vergebens dagegen, dass die TU München eine Spende von gut sechseinhalb Millionen Euro von Facebook zur Errichtung eines Instituts annahm, das sich mit ethischen Fragen im Zusammenhang mit künstlicher Intelligenz beschäftigen soll. Ein PR-Coup oder ein Beweis für die bekannte Fähigkeit des Kapitalismus, sich der möglichen Kritik an sich selbst zu bemächtigen, bevor sie wehtut."

Gerade der Schlusssatz bringt noch einmal gut auf den Punkt, worauf es Facebook bei diesem Geschäft vermutlich eigentlich ankommt: sich der Kritik an sich selbst zu bemächtigen, ehe sie wehtut und sie öffentlichkeitswirksam in weniger geschäftsschädigende Bereiche zu kanalisieren. Dafür ist das Ethikinstitut mit Christoph Lütge an der Spitze ein geradezu genialer Schachzug.

Ich hatte im Herbst 2019 einen längeren Email-Wechsel mit einem sehr bekannten Professor der TU München. Er ist vermutlich einer der

Top 10 im Bekanntheitsranking der TU. In einer Email vom 21.10.2019 schrieb er mir in Sachen Facebook-Ethikinstitut: „Die TUM ist in der Hinsicht natürlich ein besonders schwieriges Pflaster; es gab intern durchaus auch von anderen Kollegen kritische Stimmen, <u>aber offenbar war die Angst davor, vom Präsidium abgestraft zu werden, größer als die Bereitschaft, sich öffentlich zu äußern</u>. Ich … hatte eigentlich gehofft, dass Leute mit festen Stellen sich zu Wort melden; dass das nicht passiert ist, hat mich fast noch mehr aufgeregt als das Verhalten der Uni-Leitung. Ich habe Herrmann „Merchants oft Doubt" nahegelegt, aber ich kann mir nicht vorstellen, dass er es gelesen hat".

Das sind bewegende Worte eines Insiders: „aber offenbar war die Angst davor, vom Präsidium abgestraft zu werden, größer als die Bereitschaft, sich öffentlich zu äußern". Sicherlich ist das nur die Aussage eines einzigen Forschers in der großen TU, und man kann sie nicht ohne weiteres verallgemeinern. Allerdings sind es Worte eines äußerst renommierten Forschers. Wie frei ist eine Wissenschaft, in der sich die Forscher nicht mehr trauen, intern Missstände anzuprangern, aus Angst vor Abstrafung durch das Präsidium? Wie weit ist es in der TU gekommen? Quo vadis TU? Was sagt das über die Hochschulforschung in unserem Land?

Am Rande sei dazu Folgendes bemerkt. Ich bekam am 29.6.2020 eine Email eines sehr renommierten Ökonomie-Professors, der sich kritisch zu den Corona-Lockdowns äußerte: „Ich weiß aus unzähligen Zuschriften, dass viele Professoren hinter uns stehen, aber Angst haben, sich zu äußern. Karriere, Drittmittel …". Quo vadis, Hochschulforschung? Was richten die Drittmittel in unserem Land nur an?

Ich sollte auf Anfrage eines Betriebsratsmitglieds der TU München 2019 einen Vortrag zu Drittmittelforschung in den Räumen der TU halten. Leider stellte die TU dafür aber keinen Raum zur Verfügung. Die offizielle Begründung war, es herrsche Raumknappheit. Schließlich kam

der Vortrag mit einiger Verzögerung am 28.11.2019 an einem Ausweichort, im DGB-Haus in München zustande. Dort hörte ich allerdings
eine andere Begründung für die Raumverweigerung seitens der TU. Ein
Mitarbeiter der TU nannte folgende Begründung eines TU-Verantwortlichen für die Raumplanung: „Wer unsere Uni so mit Dreck bewirft, den
laden wir doch nicht in unsere Uni ein".

Im Straubinger Tagblatt vom 30.11.2019 schrieb der Journalist Ralf
Müller, der diese Bemerkung ebenfalls hörte: „Eigentlich sollte die Veranstaltung "Gekaufte Forschung" der DGB-Gewerkschaften ver.di und
GEW am Donnerstagabend in München in Räumen der Technischen
Universität (TUM) stattfinden. Doch die weigerte sich, für eine Veranstaltung mit dem Aalener Volkswirtschaftler Christian Kreiß, der die Exzellenz-Universität ohnehin nur "mit Dreck bewerfen" würde, einen
Saal zur Verfügung zu stellen, wie es aus der ver.di-Betriebsgruppe der
Uni hieß."

Merkwürdige Welt. Meiner Meinung nach schädigt das Facebook-
Ethikinstitut den Ruf der TU und das Ansehen integrer Wissenschaft
ganz stark. Wer das ausspricht, ist ein Dreckwerfer. Auch in der Wissenschaft geht es manchmal sehr emotional zu.

Arme, missbrauchte Wissenschaft

Letztlich ist der Kauf des Ethikinstituts an der TU München durch Facebook eine brillante Marketingmaßnahme des Großkonzerns, um von
den eigenen ständigen Gesetzesverstößen abzulenken und das eigene
Image aufzupolieren. Facebook leiht sich den Ruf der Integrität und Unabhängigkeit einer staatlichen deutschen Elite-Hochschule, weil die Öffentlichkeit Forschungsergebnissen zu Ethik, die von Marc Zuckerberg
unterschrieben sind, zu Recht nicht glauben würde.

Das sagt sogar Christoph Lütge selbst. Er antwortete auf die „Frage, warum Facebook die Forschung zu Ethik in der Künstlichen Intelligenz auslagert und nicht selbst bearbeitet [...]: „Man stelle sich vor, Facebook wäre mit eigenen ethischen Richtlinien rausgekommen. Das wäre unglaubwürdig gewesen.""[110] Da trifft er den Nagel auf den Kopf. Ethik-Forschungsergebnisse oder Ethikrichtlinien für Medienkonzerne, die von Marc Zuckerberg unterschrieben wären, wären nicht wirklich glaubwürdig. Unterschreibt jedoch ein Universitätsprofessor einer renommierten Hochschule ebendieselben Forschungsergebnisse oder Ethikrichtlinien – und keiner kennt die Schlichen, Tricks und Verträge dahinter, die dem Ganzen zu Grunde liegen, sowie, dass da viel Geld von äußerst interessierter Seite fließt -, so glauben es Politik, Medien und die Allgemeinheit. Und genau das ist ja die Absicht von Facebook: Uns soll weisgemacht werden, dass sich Facebook durchaus um Ethikfragen kümmert. Das Ethikinstitut soll ja gerade als Ethik-Waschmaschine dienen, whitewashing, Schönfärben und Bagatellisierung der täglichen Ethikverstöße von Facebook betreiben.

Diese Kooperation von Facebook mit der TU München ist Betrug an der Wissenschaft, Missbrauch des guten Rufes von staatlichen Universitäten. Das ist nicht der Auftrag von öffentlich-rechtlichen Hochschulen.

Dass sich die TU München so stark selbst erniedrigt und sich zu solchen, den Ruf unabhängiger Wissenschaft schädigenden Machenschaften bereit erklärt, ist ein Tiefschlag für das Renommee wirklich unabhängiger Forscher in unserem Land. Um mehr Forscher, mehr Publikationen, mehr Geld und mehr Ansehen zu haben, korrumpiert die TU München den Ruf unabhängiger Wissenschaft in bisher kaum dagewesenem Ausmaß.

---

[110] Netzpolitik.org 21.01.2019: https://netzpolitik.org/2019/warum-facebook-ein-institut-fuer-ethik-in-muenchen-finanziert/

Um den Wissenschaftsmissbrauch zu vertuschen, wurde der „Facebook Unrestricted Gift Letter" - ebenso wie alle anderen Industriekooperationen der TU München -, selbstverständlich geheim gehalten. Dafür gab es gute Gründe. In den offiziellen Presseverlautbarungen wurde, wie eingangs erwähnt, immer wieder die Unabhängigkeit des drittmittelfinanzierten Ethikinstituts betont und hervorgehoben, dass Facebook das Institut „ohne weitere Vorgaben unterstützt", das Geld „ohne irgendwelche Auflagen und Erwartungen" zahle und dass keinerlei Einfluss ausgeübt werde. Diese Aussagen des TUM-Präsidiums sind schlichtweg falsch.

Lehren aus dem von Facebook finanzierten TUM-Ethikinstitut

Aus dem Fallbeispiel Facebook - TUM Ethikinstitut kann man viel lernen. Wenn die hier angewandten wissenschaftskorrumpierenden Methoden in unserem Lande weiter um sich greifen würden – was sie seit einigen Jahren auch tun – dürfte sich unser Leben deutlich verschlechtern. Wenn wir „Kooperationen", besser: Institutskäufe dieser Art durch Konzerne zulassen, wenn wir zulassen, dass Großunternehmen also ganze Institute gründen, kaufen oder übernehmen oder auch einzelne Lehrstühle kaufen können, so könnte das Facebook-TU-Beispiel, logisch konsequent zu Ende gedacht, zu Folgendem führen.

Zum einen könnten sich Konzerne, Großaktionäre oder Vermögensverwalter unter den momentan knapp 50.000 Professoren in Deutschland[111] umsehen und sich darunter anfangs vielleicht zwei Prozent bzw. 1.000 Menschen aussuchen. Und zwar diejenigen, die am meisten mit industrienahen Studien, Veröffentlichungen und Aussagen auffallen

---

[111] https://de.statista.com/statistik/daten/studie/160365/umfrage/professoren-und-professorinnen-an-deutschen-hochschulen/

bzw. diejenigen, die Konzerninteressen weltanschaulich besonders nahestehen. Das bekommt man relativ leicht heraus. Diesen Forschern schaufelt man jeweils 5 bis 10 Millionen Euro zu und sagt: Forschen Sie, worüber immer Sie wollen, ohne Vorgaben, ohne Kontrollen, ohne Gängelung, ohne Maulkorb, völlig frei. Denn durch die vorab getroffene weltanschauliche Auswahl ist sichergestellt, dass die allermeisten davon auch industriefreundlich weiterforschen werden. Man kann im Normalfall darauf vertrauen, dass langjährige Akademiker in den seltensten Fällen radikal ihre Weltanschauung ändern. Um gewerkschaftsnahe, umweltliebende oder sozial besonders engagierte Kollegen macht man vorsichtshalber lieber einen großen Bogen. Man muss ja nicht allen alles schenken, oder? Es sind ja schließlich private Gelder von privaten Konzernen, die (sehr wenigen) privaten Aktionären gehören. Und so kann man ja auch privat entscheiden, wem man das Geld schenken will und wem NICHT, oder?

Durch die umfangreichen finanziellen Drittmittel können nun pro konzernauserwähltem Professor Dutzende wissenschaftliche Mitarbeiter, Doktoranden und Habilitanden finanziert werden, genau wie am Ethikinstitut an der TU München. Entsprechend viele wissenschaftliche Veröffentlichungen, papers, Bücher und Stellungnahmen zu gesellschaftlichen Fragestellungen durch die gesponserten Professoren werden folgen. Die wissenschaftlichen Ergebnisse werden dank guter finanzieller Unterstützung durch die Konzerne medienwirksam veröffentlicht und brechen sich dann Bahn in die öffentliche und die politische Meinung. Zuletzt wird auch die Politik entsprechend konzernwohlwollend handeln. Denn diejenigen Forscher, die die Mittel NICHT bekommen, können leider keine solche Publizität und Einflussnahme erreichen.

Aus Sicht eines ehemaligen Investmentbankers möchte ich sagen: Das ist gut angelegtes Geld. Die Investition in ein produktives wissenschaftliches Institut an einer renommierten öffentlichen Hochschule ist langfristig vermutlich ein sehr viel lukrativeres Geschäft als die Investition in Aktien, Immobilien, ein Private Equity Unternehmen oder gar Anleihen. Konkret könnte meiner Einschätzung nach die Investition von Facebook in das TUM Institute for Artificial Intelligence einen sensationellen return on investment, eine riesige Rendite bringen. Ein einziges verhindertes oder auch nur verzögertes Konsumentenschutz-Gesetz kann Milliarden Gewinn für Facebook bedeuten. Da ist es schon einen Versuch wert, 7,5 Millionen Dollar locker zu machen, um sich den guten Ruf der TU München zu kaufen, zumal bei einem Marketingetat von über vier Milliarden Dollar jährlich.

Im Ergebnis würden wir nach ein oder zwei Generationen eine systematische, gewollte und geplante Verzerrung der Forschungslandschaft, eine strukturell einseitige Ausrichtung der Forschung sehen, die an Gewinninteressen oder Gruppeninteressen ausgerichtet ist, nicht an Gemeinwohl-, Gesellschafts- oder Menscheninteressen. Zu welchen schlimmen Folgen einseitige oder manipulierte Konzernforschung führt, wird ja gerade in diesem Buch anhand diverser Beispiele aufgezeigt.

Zum anderen könnte man aus den prall gefüllten Kassen der Konzerne theoretisch zahllose sogenannte Drittmittelprojekte (ggf. inklusive Drittmittel-Professorenstellen) auflegen. Zur Erinnerung: Facebook schiebt momentan (Ende 2019) 52 Milliarden Dollar liquide Mittel vor sich her und weiß nicht recht, wohin damit. Zum Vergleich: die Forschungsausgaben aller gut 430 deutschen Hochschulen ZUSAMMEN belaufen sich derzeit auf knapp 19 Milliarden Euro pro Jahr. Solche Drittmittelprojekte sind eine Art Köder für Forscher. Man schreibt öffentlich aus: Forsche hierüber oder darüber und du kannst dich um 0,5, 5 oder 10 Millionen Euro bei uns bewerben. Das Thema, worum es geht, bestimmen WIR im Konzern, denn wir sitzen auf dem Geld. Und wer zahlt, schafft an. Man wählt dann die Themen so aus, dass sie den Gewinnen der Unternehmen dienen statt den Menschen oder der Umwelt oder dem sozialen Ausgleich oder ...

Wenn wir solch einen ungehemmten, offenen Wettbewerb um Drittmittel oder den Kauf von Instituten oder Professorenstellen in unserem

Land zulassen, zeigt bereits ein kurzer Blick in die Kassen der Großkonzerne, dass die Interessenvertreter der Allgemeinheit wie Gewerkschaften, NGOs, Umwelt- oder Verbraucherschutzverbände systematisch den Kürzeren ziehen würden und zwar sicher um den Faktor 100, vorsichtig geschätzt, wohl eher um den Faktor 1.000.

Die öffentliche Hand kann dann ihre eigenen Mittel im Bildungsetat weiter zurückfahren und sich zuletzt kostenoptimierend ganz zurückziehen, denn nun übernehmen die spendablen Großkonzerne die Bildungspolitik. Eine win-win-Situation für alle, wird uns dann gesagt, für die Steuerzahler <u>und</u> für die Unternehmen.

Das ganze System hat nichts unmittelbar mit Korruption der einzelnen Forscher zu tun. Jeder einzelne Wissenschaftler kann jede weltanschauliche Meinung haben. Warum sollte man nicht auch die Vorteile von Großunternehmen und des freien Marktes ganz besonders schätzen? Daran ist in meinen Augen nichts Verwerfliches. Denker wie Milton Friedman oder Gary Becker haben ganz ausgezeichnete Argumente und können brillant logisch denken. Und die ausgewählten Forscher sind ja völlig frei, die Gelder anzunehmen oder nicht, zu kooperieren oder nicht. Das ist keine Bestechung.

Das Problem liegt ganz woanders. Das System funktioniert viel subtiler und braucht gar keine Korruption. Wenn die Geldflüsse aus der Industrie oder der Industrieeinfluss über Lobbyarbeit auf staatliche Drittmittel immer stärker werden, entscheiden die Geldinteressen langfristig darüber, welche Forschungsfragen gestellt werden - und welche NICHT. Welche Fragen NICHT gestellt werden, ist oft viel wichtiger, als die Fragen, die gestellt werden. Geldinteressen entscheiden dann darüber, welche Forschungsergebnisse in die Medien kommen und welche NICHT. Dadurch findet oft die eigentliche Lenkung der Forschung statt. Geldinteressen entscheiden dann darüber, welche Meinungen oder Weltanschauungen zur öffentlichen Meinung werden und zuletzt politisch umgesetzt werden. Und das ist es, worum es eigentlich geht.

Der Fall Facebook – TU München zeigt sehr gut, dass Industriegelder, die in Hochschulen fließen, ein Denkfehler sind und langfristig den Menschen schaden. Hochschulforschung muss frei und unabhängig sein.

Konsequenzen aus der Kooperation Facebook – Ethikinstitut TU München

Meiner Meinung nach müsste die TU München aus Anstand und um der Integrität der Wissenschaft willen mit sofortiger Wirkung diese Kooperation mit Facebook beenden und keine weiteren Mittel mehr annehmen. Falls weitere Mittel von Facebook zu Ethikzwecken fließen sollen, müsste dafür eine freie, offene Ausschreibung stattfinden, die man bislang mit Absicht vermieden hat. Dabei müsste auch u.a. Vertretern der Denkrichtung der „integrativen Wirtschaftsethik" möglich sein, sich um diese Mittel zu bewerben.

Zusammenfassung

Im Oktober 2019 wird an der TU München das europaweit erste Institut für Ethik in Künstlicher Intelligenz gegründet. Finanziert wird das Institut durch 7,5 Millionen Dollar von Facebook. Gründungsdirektor wird der sehr industrienahe Prof. Christoph Lütge, der bereits einen Stiftungslehrstuhl für Ethik an der TU innehat. Bei Ankündigung der Kooperation im Januar 2019 bzw. bei Eröffnung des Ethikinstituts wird von beiden Vertragspartnern, Facebook und TU München, betont, dass das Institut völlig unabhängig sei und Facebook keinerlei Einfluss auf das Institut nehme. Anfang Dezember wird das bis dahin geheim gehaltene Kooperationsabkommen geleakt und in den Medien erstmals am 17.12.2019 besprochen.

Durch das Bekanntwerden der Vereinbarung stellt sich heraus, dass Facebook direkten Einfluss auf die Personalie des Instituts nimmt, indem der Konzern ausdrücklich Christoph Lütge zum Gründungsdirektor ernennt und sich vertraglich ausbedingt, jeglicher Abweichung hiervon schriftlich zustimmen zu müssen. Außerdem behält sich Facebook vor, die Auszahlung der 7,5 Millionen Dollar, die über fünf Jahre in fünf Tranchen von jeweils 1,5 Millionen Dollar erfolgen soll, jederzeit ohne Angabe von Gründen einzustellen. Dadurch wird ein Drohpotential gegenüber der TU aufgebaut, dass im Falle missliebiger Forschungsergebnisse eine jederzeitige Mittelstreichung möglich ist.

Durch das Leaken der Vereinbarung stellt sich heraus, dass die TU München und Facebook eine nicht wahrheitsgemäße Darstellung des Sachverhaltes gegeben haben, da Facebook, entgegen den offiziellen Verlautbarungen, unmittelbaren Einfluss auf das Institut nimmt. In einem ähnlichen Fall – Universität Mainz/ Boehringer Ingelheim Stiftung – wurde eine solche direkte Einflussnahme des Geldgebers durch ein Gutachten eines Juraprofessors als verfassungswidrig klassifiziert. Daher dürfte auch die Vereinbarung zwischen Facebook und TU München verfassungswidrig sein. Dem Ruf der TU München und dem Ansehen integrer Wissenschaft schadet sie allemal. M.E. wäre eine zumindest teilweise Heilung dieses Fehlers der TU möglich durch sofortige Beendigung der Kooperation.

Falls das Beispiel Facebook – TU München bundesweit starke Verbreitung fände, würde dies auf Dauer zu systematisch verzerrten, konzerngelenkten Forschungsergebnissen an den deutschen öffentlich-rechtlichen Hochschulen führen und dadurch die öffentliche und politische Meinung einseitig interessengeleitet beeinflussen.

Mustergültige Anwendung des Sechs-Schritte-Schemas ins Verderben

1. <u>Auswahl besonders vielversprechender, industrienaher Wissenschaftler:</u> Perfekte Wahl getroffen durch Facebook in der Person Christoph Lütge. Konzernfreundlicher und unkritischer geht einfach nicht.

2. <u>Fördern der besonders industrienahen Forscher:</u> 7,5 Millionen Dollar sind für Forscher an deutschen Hochschulen richtig viel Geld. Das wird die Bedeutung des ausgewählten Forschers stark erhöhen und zu

vielen Publikationen führen. Die Strategie, die wissenschaftliche Reputation der konzernnahen Forscher zu fördern, so dass sie Meinungsführer werden, wird lehrbuchartig umgesetzt.

3. <u>Maximale Intransparenz herstellen</u>: Die Strategie wird absolut befolgt. Sämtliche Verträge wurden selbstverständlich komplett geheim gehalten. Zum Glück hat ein whistleblower den Erfolg vermiest.

4. <u>Gewünschte Ergebnisse sicherstellen</u>: Dieser Punkt wird gleich über zwei (verfassungswidrige) Vertragsklauseln sichergestellt. Erstens, dass der Facebook-freundliche Institutsleiter Lütge nur nach vorheriger schriftlicher Zustimmung von Facebook ausgewechselt werden darf. Zweitens durch die Drohung des sofortigen Mittelstopps durch Facebook, ohne dafür Gründe angeben zu müssen, wenn unerwünschte Fragen oder Ergebnisse im Institut auftreten sollten.

5. <u>Confounder einführen und Fehlfährten legen</u>: Ein Blick auf die geplanten oder bereits angelaufenen Forschungsprojekte des Ethikinstituts zeigt, dass bestimmte kritische Fragen zu Facebook einfach <u>nicht</u> vorkommen.[112] Genau das ist ja das Hauptziel von Facebook: bestimmte Fragen nicht aufkommen zu lassen. Christoph Lütge selbst sagt: „Außerdem seien die Themen, die an seinem Institut erforscht werden, für Facebook überhaupt nicht relevant."[113] Perfekt abgelenkt, mission completed.

6. <u>Verzögern politischer Gegenmaßnahmen, Paralyse durch Analyse</u>: Der Philosophieprofessor Thomas Metzinger weist eindringlich auf genau diesen Punkt hin: „Ich beobachte derzeit ein Phänomen, das man als **„ethics washing"** bezeichnen kann. Das bedeutet, dass die Industrie ethische Debatten organisiert und kultiviert, um sich Zeit zu kaufen –

---

[112] https://ieai.mcts.tum.de/research/ Stand 20.5.2020
[113] Netzpolitik 18.12.2019: ein Geschenk auf Raten: https://netzpolitik.org/2019/ein-geschenk-auf-raten/
Stand 21.5.2020

um die Öffentlichkeit abzulenken, um **wirksame Regulation** und echte Politikgestaltung zu unterbinden oder zumindest zu **verschleppen**. Auch Politiker setzen gerne Ethik-Kommissionen ein, weil sie selbst einfach nicht weiterwissen"[114]. Das Prinzip Paralyse durch Analyse wird also minutiös eingehalten.

Kurz: Der Fall Facebook-TU München ist geradezu ein Musterbeispiel für das Sechs-Schritte-Schema ins Verderben.

---

[114] Tagesspiegel 08.04.2019: https://background.tagesspiegel.de/ethik-wasch-maschinen-made-in-europe

Cyber Valley

Sprecher des Vorstands (Spokesperson des Cyber Valley Executive Board) von Cyber Valley:
Michael Black, Distinguished Amazon Scholar

Was ist Cyber Valley?

Laut Homepage ist Cyber Valley „Europas größtes Forschungskonsortium im Bereich der künstlichen Intelligenz mit Partnern aus Wissenschaft und Industrie. Das Land Baden-Württemberg, die Max-Planck-Gesellschaft mit dem Max-Planck-Institut für Intelligente Systeme, die Universitäten Stuttgart und Tübingen sowie Amazon, BMW AG, Daimler AG, IAV GmbH, Dr. Ing. h.c. F. Porsche AG, Robert Bosch GmbH und ZF Friedrichshafen AG sind die Gründungspartner dieser Initiative. [...] Zehn neu eingerichtete Forschungsgruppen und eine gleiche Anzahl von Lehrstühlen wurden eingerichtet, die den Kern des Cyber Valley bilden. Ihre Forschungsschwerpunkte liegen in den Bereichen maschinelles Lernen, Robotik und Computer Vision. [...] Die Cyber Valley Partner haben mehrere Kernziele definiert, darunter die Ausbildung des wissenschaftlichen Nachwuchses an der International Max Planck Research School for Intelligent Systems (IMPRS-IS). Von Anfang an gehörte diese einzigartige multidisziplinäre Graduiertenschule zu den weltweit besten Doktorandenprogrammen im Bereich der künstlichen Intelligenz und war ein Schlüsselelement der Cyber Valley Initiative. In nur zwei Jahren hat sich die IMPRS-IS verdoppelt und zählt heute über 110 Wissenschaftler."[115]

Cyber Valley ist also ein Forschungsverbund zur Erforschung von Künstlicher Intelligenz (KI), der die öffentlich-rechtlichen Institutionen Uni Tübingen, Uni Stuttgart und das Max-Planck-Institut und sieben industri-

---

[115] https://cyber-valley.de/ Stand 22.3.2020

elle Partner umfasst, von denen sechs aus der Automobilindustrie kommen sowie Amazon. Über Porsche, die Muttergesellschaft von VW, ist auch der Volkswagenkonzern beteiligt. Somit sind alle großen Automobilhersteller Deutschlands dabei. Seitens der deutschen Industrie ist also ausschließlich die Automobilbranche beteiligt, kein einziger anderer Wirtschaftszweig.

Das wichtigste Entscheidungsgremium von Cyber Valley ist der Vorstand, das Cyber Valley Executive Board, der aus drei Personen besteht, dem Vorstandssprecher und zwei stellvertretenden Sprechern. Diese werden von der Cyber Valley Plenary Assembly (CVPA), der Vollversammlung bzw. dem Plenum gewählt.[116] Weitere Gremien sind der öffentliche Beirat (das Cyber Valley Public Advisory Board) und das Cyber Valley Research Fund Board (RFB).

Wer finanziert Cyber Valley?

Das gesamte Finanzierungsvolumen beträgt laut Homepage in einem ersten Schritt 165 Millionen Euro. Laut Aussage von Herrn Kretschmann hat allein die baden-württembergische Landesregierung bis Februar 2020 Cyber Valley mit über 100 Millionen Euro finanziert.[117] Von den Industriepartnern kommen „insgesamt 7,5 Millionen Euro von 2018 bis 2022" sowie zwei Stiftungsprofessuren.[118] In den Medien war zu lesen, dass jeder Industriepartner 1,25 Millionen Euro einbringen muss, da käme man bei sieben Unternehmen auf insgesamt 8,75 Millionen Euro.[119] Wie dem auch sei, der Forschungsverbund ist offenbar zu etwa

---

[116] https://cyber-valley.de/executive-board

[117] Schwäbisches Tagblatt 20.2.2020: https://www.tagblatt.de/Nachrichten/Tuebingen-im-Fokus-der-EU-448034.html

[118] https://cyber-valley.de/de/faqs#who-finances-cyber-valley Stand 5.5.2020

[119] Die Zeit 12.9.2018: https://www.zeit.de/2018/38/cyber-valley-kuenstliche-intelligenz-zentrum-tuebingen/komplettansicht oder Wirtschaftswoche 13.12.2017: https://www.wiwo.de/futureboard/cyber-valley-die-zukunft-spricht-schwaebisch/20680496-all.html oder Frankfurter Allgemeine

95% durch die öffentliche Hand finanziert, die damit den absoluten Löwenanteil der Kosten trägt.

Wer entscheidet bei Cyber Valley? Teil 1: Der Vorstand

Nehmen wir einmal an, die Schlüsselfigur von Cyber Valley, der Vorstandssprecher (Spokesperson des Executive Board), würde vier Tage die Woche für das Max-Planck-Institut und einen Tag pro Woche für Alibaba arbeiten und würde 20% seines Monatslohnes von dem chinesischen Internetriesen bekommen, mit dem er seit vielen Jahren bestens zusammenarbeitet und an den er vor ein paar Jahren für 50 bis 100 Millionen Dollar eine KI-Firma verkauft hat.

Oder der Vorstandssprecher von Cyber Valley würde einen Tag pro Woche für die KI-Abteilung von Gazprom arbeiten und bekäme 20% seines Salärs von dem russischen Multi. Oder der Vorstandssprecher eines großen Forschungsverbundes zu Gesundheitsforschung würde einen Tag pro Woche für Philip Morris (Marlboro) oder Coca Cola arbeiten und bekäme 20% seines Gehalts von einem der Konzerne. Es würde aber ständig beteuert, dass das keinerlei Einfluss auf die Forschungsfragen habe.

Ich denke, viele Menschen fänden das merkwürdig.

Tatsächlich ist es aber so, dass die Schlüsselfigur von Cyber Valley, der Vorstandssprecher (Spokesperson des Executive Board), Michael Black, einen Tag pro Woche direkt für Amazon arbeitet, 20% seines Gehalts von dem US-Multi bezieht und seit langem engste Verbindungen zu dem Internetriesen hat. Michael Black ist einer von weltweit 100 Wissenschaftlern, die sich „Amazon Scholars" nennen dürfen. Übrigens wurde der Hinweis, dass Michael Black „Distinguished Amazon Scholar"

23.10.2017: https://www.faz.net/aktuell/wirtschaft/kuenstliche-intelligenz/amazon-steigt-im-schwaebischen-cyber-valley-ein-15259672.html

[120] ist, vielleicht aus PR-Gründen irgendwann zwischen Oktober 2019 und März 2020 von der Homepage von Cyber Valley kommentarlos entfernt. Vermutlich ist dieser Hinweis nicht gut in der Öffentlichkeit angekommen. Und Herr Black hat tatsächlich vor ein paar Jahren eine Internetfirma für 50 bis 100 Millionen Dollar an Amazon verkauft.[121] Diese ganzen Details erfährt man aber nicht auf der Homepage von Cyber Valley. Da stellt sich mir die Frage: Ist Michael Black ein Max-Planck-Instituts-Mann oder ein Amazon-Mann? Angesichts seines Lebenslaufes sieht es doch sehr stark nach letzterem aus.

Der Vorstand bzw. das Executive Board von Cyber Valley ist nicht unwichtig. So lesen wir auf der Homepage, es „entscheidet über laufende Angelegenheiten wie gemeinsame wissenschaftliche Interessen, Zusammenarbeit zwischen Partnern und Cyber Valley-Aktivitäten"[122] Der Vorstandssprecher ist der erwähnte Michael Black, seine beiden stellvertretenden Sprecher (deputy spokesperson) sind Philipp Hennig von der Uni Tübingen und Thomas Kropf von Bosch.

De facto ist daher m.E. der Industrieeinfluss auf das wichtigste Entscheidungsorgan von Cyber Valley deutlich stärker als der Einfluss der öffentlichen Hand, obwohl Cyber Valley zu vermutlich weit über 90 Prozent aus öffentlichen Mitteln finanziert wird.

Wer entscheidet bei Cyber Valley? Teil 2: Die Vollversammlung

---

[120] Auf der Cyber Valley homepage Stand im Oktober 2020 hinter dem Namen von Michael Black noch „Distinguished Amazon Scholar". Im März 2020 war dieser Zusatz eliminiert
[121] https://www.tagblatt.de/Nachrichten/Was-will-und-was-darf-Amazon-402355.html
[122] https://cyber-valley.de/executive-board, abgerufen 22.3.2020

Ein anderes wichtiges Gremium, das u.a. auch den Vorstand bestellt, ist die Vollversammlung (Cyber Valley Plenary Assembly, CVPA). Diese entscheidet „über die grundsätzlichen und übergeordneten Belange und strategischen Interessen des Cyber Valley. Die Stimmenverteilung innerhalb der CVPA ist wie folgt:

- 1/3 der Stimmen: Land Baden-Württemberg, vertreten durch das Ministerium für Wissenschaft, Forschung und Kunst, und Universitäten Stuttgart und Tübingen
- 1/3 der Stimmen: Max-Planck-Gesellschaft
- 1/3 der Stimmen: Kernpartner aus der Wirtschaft"[123]

Es sieht also ganz so aus, als ob die Wirtschaftsvertreter nur ein Drittel der Stimmen hätten. Formal stimmt das auch. Sieht man sich jedoch die vier Vertreter des Max-Planck-Instituts in der Vollversammlung an, so entdeckt man darunter Michael Black, der sehr enge Bande zu Amazon hat, und Bernhard Schölkopf, der, wie sein Kollege Black, ebenfalls „Amazon Scholar" ist, ebenfalls einen Tag pro Woche für Amazon arbeitet und von dort 20% seines Gehalts bezieht. Das Handelsblatt[124] stellt Bernhard Schölkopf als einen der Mitinitiatoren von Cyber Valley dar. Er hat demnach einige Monate am Hauptsitz von Amazon gearbeitet, „um die Firma richtig kennen zu lernen" und publizierte gemeinsam mit dem Leiter der weltweiten KI-Aktivitäten von Amazon, was eine enge inhaltliche Verbundenheit mit Amazon-Fragestellungen zeigt.[125]

---

[123] https://cyber-valley.de/executive-board, abgerufen 22.3.2020
[124] Handelsblatt 18.09.2018: https://www.handelsblatt.com/technik/thespark/koepfe-der-kuenstlichen-intelligenz-7-max-planck-forscher-schoelkopf-macht-amazons-algorithmen-intelligent/23080568.html?ticket=ST-1509436-wdjdf3vpXf2PVlHFbc5l-ap6
[125] Schwäbisches Tagblatt 29.1.2019: „Was will und was darf Amazon?"

Ich gehe davon aus, dass die Interessenvertreter der Wirtschaft nur de jure ein Drittel der Stimmen bzw. des Einflusses bei Cyber Valley besitzen. De facto dominieren sie m.E. das wichtigste Gremium, den Vorstand, mit Zweidrittelmehrheit und in der Vollversammlung verfügen die Industrievertreter über mindestens 50 Prozent der Stimmen. Dazu kommt: Wissenschaftler sind häufig freundliche, oft liebenswürdige und offene Menschen. Wenn ein guter Vorschlag von einem freundlichen, überzeugenden Industriepartner kommt: Warum nicht annehmen? Außerdem wäre es schon ungünstig, wenn eines Tages die Mittel aus der Industrie fehlen würden, dann müsste doch das eine oder andere Institut auf Mitarbeiter verzichten oder gar geschlossen werden.

Meiner Einschätzung nach kann es sich Cyber Valley daher nicht leisten, gegen die Industrieinteressen zu handeln, sprich Forschungsfragen anzugehen oder gar Forschungsergebnisse zu veröffentlichen, die der Allgemeinheit dienen, aber den Industrieinteressen, sprich den Konzerngewinnen, schaden. Ich denke, auf solche Forschungsergebnisse können wir lange warten.

Zuletzt könnte man noch fragen: Was ist eigentlich schlecht an Amazon bzw. daran, dass „Amazon Scholars" einen beachtlichen Einfluss bei Cyber Valley haben? Nun, die Kritik-Liste an Amazon ist ziemlich lang und reicht von schlechter Behandlung der einfachen Arbeiter über unberechtigte Weitergabe von Kundendaten und Steuervermeidung bis hin zur starken Zusammenarbeit mit dem US-Militär. Amazon erstritt beispielsweise im März 2020 vor Gericht, den „Jedi"-Auftrag des US-Militärs in Höhe von 10 Milliarden Dollar doch noch zu bekommen.[126] Allein dieser Auftrag ist etwa 30 Mal so groß wie das gesamte Cyber Valley-Budget von 165 Millionen Euro. Kritik seitens vieler Studierender an möglicherweise militärischer Nutzung der Forschungsergebnisse von

---

[126] Zeit online 14. Februar 2020 „Klage: Gericht stoppt Milliardenauftrag an Microsoft nach Amazon-Klage": https://www.zeit.de/wirtschaft/unternehmen/2020-02/usa-pentagon-microsoft-amazon-trump-klage-auftrag-gericht

Cyber Valley scheinen daher, angesichts des Einflusses von Amazon auf Cyber Valley und der engen Kontakte führender Forscher dorthin, nicht gänzlich aus der Luft gegriffen zu sein. Jedenfalls scheint Amazon beste Kontakte zum US-Militär zu haben. Und in Sachen Steuervermeidung hat Amazon ja ebenfalls große Akrobatik bewiesen – zu Lasten der einfachen Steuerzahler und zur Entlastung von Millionären und Milliardären, den Haupteigentümern von Aktien.[127] Kurz: Je stärker der Einfluss von Amazon (oder von anderen Industriekonzernen) auf die Forschung bei Cyber Valley, desto einseitiger und unehrlicher wird die Forschung sein. Genau dieses Grundmuster soll ja anhand dieses Buches aufgezeigt werden. Forschung muss frei, darf nicht (geld)interessengebunden sein.

Wer entscheidet bei Cyber Valley? Teil 3: Der öffentliche Beirat (das Cyber Valley Public Advisory Board)

Um den Vorwürfen industrielastiger Forschungsausrichtung entgegenzuwirken, hebt Cyber Valley in seiner PR stark hervor, dass es einen öffentlichen Beirat, den Cyber Valley Public Advisory Board, zur Bewertung ethischer und gesellschaftlicher Aspekte gibt.[128] Seine Rolle besteht darin, Projektvorschläge von Forschungsgruppen auf ethische und soziale Auswirkungen hin zu überprüfen. Dieser Beirat, so wird häufig betont und stark in die Öffentlichkeit kommuniziert, sei „hochkarätig mit Wissenschaftlern, Vertretern der Zivilgesellschaft und auch mit Umweltaktivisten besetzt."[129] Das stimmt. Er besteht aus 10 Vertretern, darunter viele, die Bürger- und Allgemeininteressen repräsentieren.

---

[127] https://whorulesamerica.ucsc.edu/power/wealth.html
[128] https://cyber-valley.de/public-advisory-board Stand 5.5.2020
[129] Schwäbisches Tagblatt 5.11.2019 Cyber Valley wehrt sich gegen Vorwürfe Nicht die Industrie hat das Sagen. Eine Erwiderung auf Christian Kreiß.

Aber: Worüber entscheidet denn letztlich dieser öffentliche Beirat? Laut Homepage von Cyber Valley ist es die Aufgabe des Beirats, „Projektanträge von Cyber Valley-Forschungsgruppen zu bewerten, bevor diese durch das Cyber Valley Research Fund Board (RFB) genehmigt werden."[130]

Dabei geht es um Mittel in Höhe von insgesamt fünf Millionen Euro[131], die von den Industriepartnern kommen. Die Mittel sind laut Angaben auf der Homepage von Cyber Valley auf einen Zeitraum von fünf Jahren (2018-2022) verteilt.[132] Also pro Jahr sprechen wir demnach offenbar von etwa einer Millionen Euro. Gemessen am Gesamtfinanzierungsvolumen von Cyber Valley in Höhe von 165 Millionen Euro und mit Blick auf 110 momentan vorhandene Wissenschaftler handelt es sich hier offensichtlich um sehr geringe Beträge. Insofern könnte man den Eindruck gewinnen, der öffentliche Beirat übe eine gewisse Feigenblattfunktion aus. Denn über das Gros der Mittel wird offenbar an ganz anderer Stelle entschieden.

Ähnlich sehen das Cyber Valley-Gegner (am Rande sei bemerkt: Ich bin kein Gegner von Cyber Valley, ich würde mir nur ausgewogenere, freiere Forschungsstrukturen dort wünschen). Sie kritisieren, „dass der öffentliche Beirat kaum Einflussmöglichkeiten hat. Er habe lediglich die Möglichkeit, gegenüber dem Research Fund Empfehlungen auszusprechen, Bedenken zu äußern und sich an den Diskussionen zu beteiligen. Der Beirat habe aber weder Stimm- noch Vetorecht. „Im Research Fund Board wiederum findet die eigentliche Entscheidung statt, ob ein Förderantrag bewilligt wird oder nicht. Das jedoch entscheidet lediglich nach Kriterien der Exzellenz und lässt ethische, soziale und ökologische Aspekte außen vor", schreiben der „Arbeitskreis kritische Vortragsreihe

---

[130] https://cyber-valley.de/public-advisory-board Stand 5.5.2020
[131] https://cyber-valley.de/cyber-valley-research-fund Stand 5.5.2020
[132] https://cyber-valley.de/faqs#who-finances-cyber-valley Stand 5.5.2020

Cyber Valley" und das „Bündnis gegen das Cyber Valley" in einer gemeinsamen Pressemitteilung."[133]

Wer entscheidet bei Cyber Valley? Teil 4: Welche Rolle spielt das Cyber Valley Research Fund Board (RFB)?

Wie oben beschrieben entscheidet das RFB darüber, für welche Forschungsprojekte die fünf Millionen Euro, die von den Industriepartnern eingebracht werden, verwendet werden. Von den 12 Mitgliedern kommen sechs aus der Wissenschaft und sechs aus der Industrie, bei Stimmengleichheit gibt ein Vertreter der Wissenschaft den Ausschlag. Es wird also betont, dass hier die Vertreter der Wissenschaft keinesfalls überstimmt werden können. Ein Blick auf die personelle Zusammensetzung zeigt jedoch, dass zwei der sechs Wissenschaftsvertreter die bereits erwähnten Herren Black und Schölkopf sind, die beiden „Amazon Scholars", die sicherlich als ausgesprochen Amazon- bzw. industrienah angesehen werden können. Da kann man schon fragen, ob dies eine glückliche Auswahl ist, die sicherstellt, dass Industrieinteressen keinesfalls die Oberhand haben können? Ich finde, das hat ein „Gschmäckle". Der Trick ist übrigens alt, solche Wissenschaftler in Beratungs- oder Entscheidungsgremien zu setzen, die garantiert industrienah sind. Das geschieht in vielen staatlichen Institutionen. Dann kann man sagen, es sind Wissenschaftler – das klingt gut und objektiv und kommt in der Öffentlichkeit gut an - und trotzdem bekommt man die Industrieinteressen wie gewünscht durch.

Wer entscheidet bei Cyber Valley? Teil 5: Welche Rolle spielen die Automobilkonzerne?

Erinnern wir uns an das eingangs geschilderte Beispiel der „General Motors Streetcar Conspiracy", die Straßenbahn-Verschwörung, wie sie

---

[133] Schwäbisches Tagblatt 10.9.2019

ganz offiziell heißt, von etwa 1927 bis 1950.[134] Nehmen wir also an, die Automobilindustrie hätte freie Hand, die Verkehrspolitik zu gestalten. Wir haben gesehen, dass dann die Konkurrenz, das öffentliche Transportsystem in Form beispielsweise von Straßenbahnen, aufgekauft und stillgelegt wurde. Wir haben daraus gelernt, dass das Interesse von gewinnmaximierenden Großkonzernen häufig den Interessen der Allgemeinheit, der Umwelt und der Menschlichkeit diametral widersprechen kann und wir daher ein wachsames Auge auf solche Entwicklungen werfen sollten statt zu schlafen. Und wir sollten daher grundsätzlich prüfen, ob und in welchem Ausmaß wir Einfluss der Großkonzerne auf gesellschaftliche und politische Entscheidungen haben wollen. <u>Heute</u> werden viele solche Weichenstellungen maßgeblich durch wissenschaftliche Forschung getroffen.

Werfen wir nun einen Blick auf Cyber Valley. An Cyber Valley sind als industrielle Partner Amazon, BMW AG, Daimler AG, IAV (Ingenieurgesellschaft Auto und Verkehr) GmbH, Porsche AG, Robert Bosch GmbH und ZF Friedrichshafen AG beteiligt.[135] Jeder Industriepartner muss laut Medienberichten mindestens 1,25 Millionen Euro einbringen. Es fällt auf, dass mit Ausnahme von Amazon ausschließlich Konzerne aus dem Automobilbereich die Industriepartner sind. In den Medien und von der baden-württembergischen Landesregierung wird immer wieder die große Rolle von Mobilität bei der Cyber Valley-Forschung betont.[136]

Auf der Startseite von Cyber Valley ist an prominenter Stelle ein Bild eines Autos auf einer Autobahn, das über ein KI-System den Abstand zu

---

[134] Vgl. zum Folgenden „Die Welt" vom 16.12.2015 https://www.welt.de/geschichte/article150014809/Gegen-diesen-Skandal-ist-VWs-Dieselgate-ein-Klacks.html vgl. auch wikipedia: https://en.wikipedia.org/wiki/General_Motors_streetcar_conspiracy

[135] https://cyber-valley.de/ abgerufen 6.2.2019

[136] Schwäbisches Tagblatt 20.02.2020: https://www.tagblatt.de/Nachrichten/Tuebingen-im-Fokus-der-EU-448034.html

dem vorausfahrenden Fahrzeug misst, zu sehen.[137] Wenn KI-gesteuerte Fahrzeuge kommen, dürfte das eine Revolutionierung der Verkehrsflüsse und Verkehrssysteme nach sich ziehen. Dafür werden heute die Weichen gestellt. Verkehrskonzepte für die Zukunft zu entwerfen ist derzeit meiner Einschätzung nach ganz besonders wichtig. Und hier könnte der Schlüssel für die starke Beteiligung der Automobilkonzerne an Cyber Valley liegen, das Motiv der Autobranche, bei dem Forschungsverbund mitzumachen und mindestens 1,25 Mio. Euro zu investieren: nämlich die Weichen für die Verkehrspolitik der Zukunft in ihrem Sinne zu gestalten.

Welches Interesse haben dabei die Automobilkonzerne, welche Fragestellung?[138] Sicherlich <u>nicht</u>: Wie bekommt man Autos aus den Innenstädten heraus? Wie kann man den Autoverkehr minimieren und den öffentlichen Verkehr maximieren? Wie kann man umwelt- und menschengerechten Verkehr aufbauen? Sondern: Wie können wir unsere Absatzzahlen und damit unsere Gewinne maximieren? Wie können wir den Individualverkehr ausbauen statt einschränken? Das Interesse der Autokonzerne heute ist genau dasselbe wie das der US-Autokonzerne während der extrem erfolgreichen Straßenbahn-Verschwörung in den 30er und 40er Jahren: maximale Gewinne. Umwelt und Gesundheit bleiben da leider leicht auf der Strecke.

Daher lohnt sich besonders der Blick auf die Frage: Wer ist <u>nicht</u> als Partner bei Cyber Valley vertreten? Die Deutsche Bahn oder die regionalen Verkehrsbetriebe wie der VVS (Verkehrs- und Tarifverbund Stuttgart), naldo (Verkehrsverbund Neckar-Alb-Donau), der sehr verkehrskompetente VCD (Verkehrsclub Deutschland), Umweltschutzverbände wie

---

[137] https://cyber-valley.de/ Stand 3.5.2020

[138] Die folgende Argumentation gilt nur eingeschränkt für Bosch und ZF Friedrichshafen, weil das Stiftungen sind, deren Gewinne teilweise gesellschaftlichen Zwecken zukommen und die nicht maximale Gewinne erwirtschaften müssen, auch wenn dieses Ziel unnötigerweise leider de facto trotzdem eine große Rolle spielt

BUND, NABU oder Greenpeace, Vertreter der Zivilgesellschaft wie attac oder Kirchen. Warum sind alle diese Organisationen, die sich für das Allgemeinwohl statt für maximale Aktionärsgewinne einsetzen, <u>nicht</u> vertreten? Keine einzige? Für mich ist das kein Zufall, sondern selbstverständlich sind Partner, die <u>ernsthaft</u> Umweltschutzziele verfolgen, für die Konzerne in hohem Maße störend. Eine vernünftige, wirklich umweltschonende, menschenwürdige Verkehrspolitik gilt es ja gerade zu verhindern, denn die würde die Konzerngewinne empfindlich vermindern.

Der Einwand, die Allgemeinwohlinteressen seien ausreichend durch das Land Baden-Württemberg vertreten, ist leicht zu entkräften. Ein Blick in die Geschichte und der Umgang der deutschen Politiker beispielsweise mit dem Dieselskandal zeigt, dass politische Entscheidungen regelmäßig durch Lobbyismus korrumpiert werden, vor allem durch die wirksame Drohung der Konzerne, Arbeitsplätze abzubauen, aber auch durch hohe Parteispenden. Zum anderen stellt die Politik bei Cyber Valley im Wesentlichen nur die Rahmenbedingungen zur Verfügung und mischt sich normalerweise kaum in inhaltliche Fragestellungen ein. Die bleibt den beteiligten Forschern und Industriepartnern überlassen.

Wo sind nun konkret bei Cyber Valley mögliche Einfallstore für Industrielobbyinteressen? Entscheidend bei Forschungsprojekten und damit für gesellschaftliche und politische Weichenstellungen ist: Wer legt die Forschungsagenda fest, wer bestimmt, worüber überhaupt geforscht werden soll? Was die Industriegelder angeht, läuft das System bei Cyber Valley so ab: Die Konzerne zahlen „in einen Innovationsfonds ein, können Themen vorschlagen – und über ein Votingsystem mitentscheiden, was auf die Agenda kommt."[139] Dabei ist die Stimmengewichtung, wie

---

[139] Die Zeit 13.9.2018 https://www.zeit.de/2018/38/cyber-valley-kuenstliche-intelligenz-zentrum-tuebingen/komplettansicht

oben ausgeführt, formal so, dass die akademischen Partner nicht überstimmt werden können. De facto stimmt das aber nicht.

Weiter kann man fragen: Wer kann <u>nicht</u> Forschungsprojekte vorschlagen? Nun, diejenigen, die <u>nicht</u> in den Gremien vertreten sind: VCD, Deutsche Bahn, VVS, BUND, NABU, Greenpeace, attac usw. Deren Fragestellungen werden also <u>nicht</u> berücksichtigt. Warum eigentlich nicht? Weil sie keine 1,25 Millionen Euro haben? Denn nur wer genügend Geld auf den Tisch legt, darf mitbestimmen, darf Forschungsthemen bestimmen. Das bedeutet Forschungslenkung durch Geldmacht, und das ist undemokratisch, unterminiert unsere Demokratie und geht einen Schritt in Richtung Plutokratie. Die wissenschaftlichen Fragestellungen von heute bestimmen maßgeblich unsere Wirklichkeit von morgen. Und die wird hier bei Cyber Valley sehr einseitig zu Gunsten der Konzerninteressen beeinflusst.

Denn es stellt sich schon die Frage: Was ist mit den mindestens 1,25 Millionen Euro, die jeder industrielle Partner zahlen muss, wenn die Konzerne so gar nichts im Gegenzug davon haben? Sind die 1,25 Millionen reine PR-Ausgaben? Laut der „Zeit" ist der „Deal" folgender: „Die Technologieriesen zeigen sich spendabel, erfahren dafür aber auch zuerst davon, wenn die Forscher Türen aufstoßen zu neuen Technologie- und Geschäftsfeldern."[140] Was aber, wenn die Forscher keine lukrativen Türen aufstoßen, sondern über lauter Themen forschen, die der Industrie nichts bringen? Zum Beispiel Ausbau des öffentlichen Verkehrs, Umweltschutz und Autominimierung in den Innenstädten? Werden dann die Mittel der Autokonzerne abgezogen und die Institute bekommen Finanzierungsprobleme? Als Institutsleiter mit Personalverantwortung muss man sich diese Fragen schon stellen. Möglicherweise greift dann vorauseilender Gehorsam und man berücksichtigt lieber gleich vorsichtshalber die Interessen der Geldgeber. Mission completed.

---

[140] Die Zeit 13.9.2018

So kann man mit Blick auf die geldgebenden Autokonzerne davon ausgehen, dass bei Fragestellungen über künftige Verkehrsflüsse von autonom fahrenden Fahrzeugen die öffentlichen Verkehrsmittel keine große Rolle spielen dürften – wie in den USA nach der Streetcar Conspiracy. Die Forschungsthemen dürften zumindest so gewählt werden, dass sie den Interessen der Autoindustrie nicht gerade diametral entgegenstehen. Und so ist zu befürchten, dass die Konzerninteressen unmittelbar in die Fragestellungen einfließen.

Die Fragen, über die der öffentliche Beirat entscheiden darf, sind auf einen Bereich mit äußerst kleinen finanziellen Mitteln beschränkt. Über das Gros der Forschung wird meiner Einschätzung nach an ganz anderer Stelle entschieden, offenbar ohne jegliche Einbindung des öffentlichen Beirats.

Die Rolle von Amazon bei Cyber Valley

Besonders wichtige Personen bei Cyber Valley

In den Medien werden zwei Persönlichkeiten von Cyber Valley weit überdurchschnittlich oft hervorgehoben: Vorstandssprecher Michael Black und Bernhard Schölkopf, zwei Forscher am Max-Planck-Institut. Bernhard Schölkopf gehört zu den Mitbegründern von Cyber Valley. So heißt es in einem längeren Artikel im Schwäbischen Tagblatt: „Die Wege zum nahen Max-Planck-Institut sind dabei nicht nur im Wortsinne kurz: Die Tübinger Vorzeige-Forscher Michael Black und Bernhard Schölkopf sind zugleich „Amazon-Scholars".[141] Beide haben extrem enge Verbindungen zu Amazon, arbeiten einen Tag die Woche für Amazon und be-

---

[141] Schwäbisches Tagblatt 13.12.2019: https://www.tagblatt.de/Nachrichten/Zwischen-Forschung-und-Rendite-440067.html

ziehen von dort ein Fünftel ihres Lohnes. Bernhard Schölkopf, „der prominenteste Kopf in der Tübinger KI-Forschung"[142] hat jahrelang intensiv mit Amazon zusammengearbeitet. Es gibt zahlreiche wissenschaftliche Veröffentlichungen von beiden prominenten Forschern mit Amazon-Forschern.

Ein kurzer Reflexions-Einschub: Wie würden wir auf eine wissenschaftliche Veröffentlichung über richtige Ernährung reagieren, die von einem renommierten Universitätsprofessor gemeinsam mit einem McDonalds-Forscher oder Coca-Cola-Forscher veröffentlicht würde?

In demselben Zeitungsartikel zur Tübinger Amazon-Forschungsabteilung von Amazon heißt es: „Hier soll, <u>sagt zumindest Amazon, zunächst einmal das Profitinteresse zurückgestellt werden</u>, die wissenschaftliche Neugier vorherrschen und in allgemein zugängliche Ergebnisse münden. Das soll offen klingen und am Gemeinwohl orientiert – und erscheint ungewöhnlich schon für einige wissenschaftliche Institute, doppelt ungewöhnlich aber für einen profitorientierten Konzern."[143] Nun, meiner Erfahrung nach beteuern Konzerne dies immer: Das Profitinteresse spiele eine nachgeordnete Rolle. Das müssen sie aus PR-Gründen auch. Profitinteressen in der Unternehmenskommunikation in den Vordergrund zu stellen, kommt in der Öffentlichkeit gar nicht gut an. Die Wirklichkeit sieht anders aus. Aus meiner Erfahrung als Investmentbanker kann ich sagen: Ein Vorstand eines börsennotierten Unternehmens, der nicht das Profitinteresse an die allererste Stelle setzt, ist die längste Zeit Vorstand gewesen.

---

[142] Schwäbisches Tagblatt 13.12.2019: https://www.tagblatt.de/Nachrichten/Zwischen-Forschung-und-Rendite-440067.html
[143] Schwäbisches Tagblatt 13.12.2019: https://www.tagblatt.de/Nachrichten/Zwischen-Forschung-und-Rendite-440067.html

Deutlich ehrlicher sagte dazu der Forschungsleiter von Amazon in Tübingen, Michael Hirsch, den Bernhard Schölkopf nach Tübingen geholt hat[144]: „Das ist bei uns anders als beim Max-Planck-Institut, wo man alles erforschen darf, was man will." Bei Amazon gehe es immer um die Frage: „Wie kann man das Kundenerlebnis verbessern?""[145] Genauer: Wie kann man am besten Kunden an die Angel bekommen und daraus Profit schlagen? Diese Aussage des Spitzenforschers Hirsch von Amazon Tübingen bringt die Sache ziemlich gut auf den Punkt: Bei Amazon darf man gerade <u>nicht</u> alles erforschen, was man will, wie er ganz freimütig sagt. Das ist ja auch selbstverständlich so in der Konzernforschung. Gewinnschädigende Ergebnisse darf es nicht geben und falls sie bei der Forschung herauskommen, werden sie selbstverständlich nicht veröffentlicht. Das ist gerade das Kernproblem, dass konzernfinanzierte Forschung nicht frei ist und nicht Allgemeininteressen dient, sondern Gewinne einfahren muss. Das ist der Tod aller freien und unabhängigen Forschung.

<u>Kurz:</u> Es gibt besonders enge Verflechtungen auf höchster Ebene zwischen Amazon und Cyber Valley.[146] Es wäre reichlich naiv zu glauben, dass das die Forschungsfragen und –ergebnisse von Cyber Valley nicht zu Gunsten von Amazon beeinflusst.

Der Amazon-Forschungspreis über 420.000 Euro jährlich

---

[144] „Hirsch kam nach Tübingen zu Bernhard Schölkopf und beschäftigte sich am Max-Planck-Institut für Intelligente Systeme", Schwäbisches Tagblatt 1.2.2019

[145] Schwäbisches Tagblatt 1.2.2019

[146] „Für [Amazon-Forschungsleiter] Hirsch ist der enge Kontakt zu den nahen Forschern in den Max-Planck-Instituten oder der Tübinger Universität entsprechend wichtig. „Wir wollten deshalb ein Gebäude in unmittelbarer Nähe zum Max-Planck-Institut." Schwäbisches Tagblatt 1.2.2019

Seit 2017 lobt Amazon jährlich einen Forschungspreis in Höhe von 420.000 Euro aus, die „Amazon Research Awards" zur Finanzierung der Forschung von Doktoranden und Post-Doktoranden am Max-Planck-Institut.[147] Forschungsgegenstand bei solchen Projekten dürfte normalerweise nicht gerade Kritik an Amazon und seinen teilweise fragwürdigen Geschäftspraktiken sein, sondern eher konzernfreundliche, unkritische Projektthemen. Muss es wirklich sein, dass junge Nachwuchstalente durch Amazon-Gelder zu Forschung animiert werden und so von Anfang an Wohlwollen gegenüber Amazon bei talentierten Nachwuchswissenschaftlern erzeugt wird? Direkte oder indirekte Konzernwerbung gehört für mich nicht in die Hochschulen und in die Forschung.

Stiftungsprofessuren

Im Rahmen von Cyber Valley gibt es mehrere Stiftungsprofessuren, die von den Industriepartnern finanziert werden. Wie die Erfahrung zeigt, bewerben sich normalerweise solche Kandidaten auf solche Stellen (und kommen auch zum Zug), die sponsorfreundliche Ansichten haben. Von daher besteht die Sorge vor einseitig, wenig industriekritischer Stellenbesetzung. Wer würde sich wohl auf eine von BUND finanzierte und wer auf eine von Porsche finanzierte Stiftungsprofessur bewerben, bei der es um Verkehrsflüsse und Verkehrskonzepte geht?

Mangelnde Transparenz

Auf der Homepage von Cyber Valley finden sich keinerlei Hinweise zu Kooperationsverträgen mit den Industriepartnern. Keiner der Kooperationsverträge wird veröffentlicht, das ist alles Geheimsache. Es gibt keine Transparenz. Die Verträge sollten dringend im Internet veröffent-

---

[147] MPI 23.10.2017: https://www.mpg.de/11667917/cyber-valley-amazon Auf der Homepage von Cyber Valley fand ich dazu allerdings keinen Hinweis

licht werden, wettbewerbsrelevante Betriebsinterna können ggf. geschwärzt werden, das ist kein Grund, alle Verträge komplett zu verheimlichen.

Findet bei Cyber Valley freie, unabhängige, ausgewogene Forschung statt?

Meine Antwort: nein. Die Rahmenbedingungen sind so gestellt, dass die Gewinninteressen der beteiligten Konzerne strukturell stärkeres Gewicht haben als die Interessen der Allgemeinheit. Und das, obwohl die öffentliche Hand wohl weit über 90 Prozent der Kosten trägt. Das heißt nicht, dass Cyber Valley falsch ist. Aber man sollte die Rahmenbedingungen ausgewogener und fairer gestalten.

Reaktionen auf meine Kritik an Cyber Valley

Am 16.Oktober 2019 hielt ich auf Einladung der Volkshochschule Tübingen dort einen gut besuchten Vortrag zu Cyber Valley, in dem ich Kritik an der einseitigen Partnerauswahl, der Zusammensetzung des Vorstandes und der Zusammensetzung der Vollversammlung übte. Am 4.November 2019 erschien daraufhin ein Interview mit mir in der Printausgabe des Schwäbischen Tagblatts, in dem ich im Wesentlichen die oben formulierte Kritik äußerte, vor allem, dass nur Industriepartner zugelassen, keine das Allgemeinwohl vertretende Institutionen an Bord und dass die Entscheidungsgremien, insbesondere der Vorstand und die Vollversammlung, mehrheitlich von Industrievertretern besetzt sind. Am Folgetag, den 5.November 2019 erschienen daraufhin mit erstaunlicher Geschwindigkeit zwei Gegenkritiken.

Die Replik von Cyber Valley

Am 5.November 2019 veröffentlichte das Schwäbische Tagblatt einen Artikel mit dem Titel „Cyber Valley wehrt sich gegen Vorwürfe - Nicht die Industrie hat das Sagen. Eine Erwiderung auf Christian Kreiß".[148] Darin wird meine Aussage kritisiert, in den Kontrollgremien von Cyber Valley „liege die absolute Mehrheit bei Vertretern der Industrie. Die Vertreter der öffentlichen Hand seien dagegen in der „Plenary Assembly" mit einer Stimme unterlegen. Und das, obwohl die öffentliche Hand den viel größeren Beitrag zur Finanzierung leiste." Das stimmt, das habe ich wirklich gesagt, sowohl in dem Vortrag in Tübingen am 16.Oktober wie in dem Interview im Schwäbischen Tagblatt am 4.November 2019.

In dem Artikel heißt es dazu weiter: „Diese Behauptungen seien nicht richtig, so erwiderte am Montag Mediensprecherin Isabella Pfaff für den Forschungsverbund. Kreiß habe wohl nicht zwischen Mitgliedern und stimmberechtigten Mitgliedern unterschieden. Die Kopfzahl gebe jedoch keine Auskunft über die Stimmverteilung. In der Cyber Valley Plenary Assembly, die Entscheidungen über übergeordnete und strategische Interessen des Verbunds trifft, seien das Land Baden-Württemberg, die Max-Planck-Gesellschaft und die Wirtschaft mit jeweils einem Drittel der Stimmen beteiligt."

Das stimmt. Was Frau Pfaff allerdings nicht sagt, ist Folgendes. Ich habe sowohl für meinen Vortrag wie für das Interview als zentrale Quelle die Homepage von Cyber Valley benutzt und mich darauf verlassen, dass dort zumindest die wichtigsten Informationen enthalten sind. Dort stand exakt das, was ich dann öffentlich geäußert habe: Dass es in der Vollversammlung 12 Industrievertreter und 11 Vertreter der öffentlichen Hand gibt. Was auf der Homepage nicht stand, ist die Stimmenverteilung. Diese Information wurde erst nach meinen Recherchen und nach meinem Vortrag von Cyber Valley auf der Homepage eingepflegt.

Also: Frau Pfaff unterstellt mir mangelndes Unterscheidungsvermögen und geht, um zu dieser Behauptung kommen zu können, so vor: Cyber Valley ändert erst die Eintragung auf seiner Homepage und Mediensprecherin Isabella Pfaff wirft mir dann im Nachhinein vor, diese

---

[148] https://www.tagblatt.de/Nachrichten/Cyber-Valley-wehrt-sich-gegen-Vorwuerfe-435184.html

nachträglich eingepflegte Information nicht berücksichtigt zu haben, die ich auf der Homepage zuvor gar nicht finden <u>konnte</u>. Und es wird mit keinem Wort erwähnt, dass die Informationen auf der Homepage verändert wurden. Das ist eine m.E. nicht integre und rufschädigende Vorgehensweise von Cyber Valley. Und das von einem wissenschaftlichen Forschungsverbund, der eigentlich der Aufrichtigkeit und Wahrheit verpflichtet sein sollte. Mit solchen unlauteren Methoden arbeitet Cyber Valley, um Kritiker zu diffamieren. Ich habe ernsthaft eine Klage wegen Rufschädigung gegen Cyber Valley erwogen.[149]

In der Replik hat sich Cyber Valley einen einzigen Kritikpunkt von fünf herausgefischt. Auf die anderen vier Punkte – industrielastige Vorstandsbesetzung, keine Bürger- und Umweltverbände als Partner, keine Veröffentlichung der Kooperationsverträge („perfekte Nichttransparenz"), Beeinflussung der langfristigen Verkehrsplanung durch die Automobilkonzerne – geht Cyber Valley nicht ein. Denn da wäre es ziemlich schwierig gewesen, dagegen zu argumentieren. Das ist eine weitere beliebte Methode, um unliebsame Kritiker zu „widerlegen". Man pickt sich einen einzigen Punkt heraus und versucht hier, den Gegner zu blamieren. Und das häufig auf unaufrichtige Weise.

Der Leserbrief von Ingmar Hoerr

---

[149] Ich weise ausdrücklich darauf hin, dass ich im Nachhinein auf einen Artikel im Schwäbischen Tagblatt vom 29.Januar 2019 aufmerksam gemacht wurde, wo der Sachverhalt so dargestellt wurde, wie ihn Isabella Pfaff schilderte: https://www.tagblatt.de/Nachrichten/Was-will-und-was-darf-Amazon-402355.html. Also inhaltlich ist die Darstellung von Frau Pfaff völlig korrekt. Diesen Artikel im Schwäbischen Tagblatt im Rahmen meiner ausführlichen Recherchen zu finden, war wie die Nadel im Heuhaufen zu finden. Ich unterstelle, auch heute, dass es die wissenschaftliche Pflicht von Cyber Valley ist, alle <u>wesentlichen</u> Information auf seine Homepage zu stellen und nicht willkürlich wichtige Informationen wegzulassen. Das verlangt die wissenschaftliche Integrität.

Ebenfalls am 5.November 2019 erschien im Schwäbischen Tagblatt ein Leserbrief von Ingmar Hoerr zu meinem Interview in dieser Zeitung vom Vortag. Ingmar Hoerr ist nicht irgendwer. Er ist der Gründer und Vorstandsvorsitzende der Tübinger Curevac N.V. (man könnte den Namen mit „Impfkur" übersetzen), einem renommierten und erfolgreichen Impfstoffhersteller mit über 470 Beschäftigten. Curevac ging am 14.August 2020 an die Börse (Nasdaq) und hat momentan eine Marktkapitalisierung von 13,5 Milliarden US-Dollar.[150] Angesichts eines Jahresumsatzes von 17,4 Millionen Euro 2019 und 470 Mitarbeitern ist das eine recht sportliche Bewertung.

Curevac kam im März 2020 prominent in die Medien, weil Donald Trump einen etwaigen Impfstoff des Unternehmens gegen Covid-19 exklusiv für die USA haben wollte. Daraufhin wurde vom Mehrheitseigentümer Dietmar Hopp, dem Mitbegründer und ehemaligen Vorstandsvorsitzenden von SAP, der damalige US-amerikanische Vorstandsvorsitzende Menichella kurzerhand entlassen und Ingmar Hoerr am 11.März 2020 erneut eingesetzt.[151] Zum Zeitpunkt des Leserbriefes war Herr Hoerr nicht im Vorstand von Curevac, sondern Aufsichtsratsvorsitzender. Hier ist der Leserbrief:

---

[150] https://www.bloomberg.com/quote/CVAC:US Stand 18.8.2020
[151] https://de.wikipedia.org/wiki/Curevac, Stand 21.3.2020 und 3.5.2020

Beim Tübinger KI-Forschungsverbund sollten mehr Vertreter der Allgemeinheit mitreden dürfen, findet der Aalener Wirtschaftsprofessor Christian Kreiß („Die perfekte Nichttransparenz", 4. November, und die 1. Lokalseite heute).

Unverständlich

Über die Gremienzusammensetzung lässt sich natürlich trefflich diskutieren. Worin der Mehrwert des Vorschlags von Prof. Kreiß liegt, einen Vertreter der Deutschen Bahn (übrigens ein defizitäres Industrieunternehmen) oder VVS zu berufen, erschließt sich mir nicht. Es sind immerhin elf öffentliche Vertreter berufen worden. Die Industrie wird ein Vielfaches der Kosten zu tragen haben. Die risikoreiche Entwicklung für den Markteintritt wird fast ausschließlich durch die beteiligten Unternehmen finanziert.

Als ehemaliger Investmentbanker sollte Prof. Kreiß dieser Fakt bekannt sein. Sehe ich mir die Kooperationen der öffentlich finanzierten Hochschule Aalen mit Beiersdorf (Nivea) oder Nuvisan (Pharma) im Internet an, erschließt sich mir leider wenig. Es sind weder die Projektinhalte, Verträge noch Kontrollgremien publiziert oder verlinkt. Schade, dass an der Heimathochschule von Prof. Kreiß offensichtlich noch keine Referenzprojekte für perfekte Transparenz geschaffen wurden.

Nichtsdestotrotz sind die diskutierten Punkte relevant, völlig unverständlich ist mir jedoch, warum sich Prof. Kreiß nach seinen klaren Aussagen im Interview gegenüber dem Gemeinderat nicht weiter äußern will. „Kein Kommentar" ist einfach No-Go!

Ingmar Hoerr, Tübingen

Der Leserbrief zeigt sehr schön, mit welch geschickten rhetorischen Mitteln man einen Kritiker über einseitige Auswahl von Textstellen in die Ecke stellen und heruntermachen kann. Ingmar Hoerr schreibt: „Worin der Mehrwert des Vorschlags von Prof. Kreiß liegt, einen Vertreter der Deutschen Bahn (übrigens ein defizitäres Industrieunternehmen) oder VVS [Verkehrs- und Tarifverbund Stuttgart] zu berufen, erschließt sich mir nicht." In dem Interview schlage ich vor, dass in den Entscheidungsgremien von Cyber Valley nicht nur Industrie- und Hochschulvertreter sein sollten, sondern auch Vertreter von Verbraucher- und Bürgerinteressen. Konkret werden nicht nur die zwei von Herrn Hoerr herausgepickten, sondern 10 Institutionen angeführt, die man in die Gremien von Cyber Valley aufnehmen könnte anstatt ausschließlich Vertreter von Industriekonzernen. Außer der Deutschen Bahn und dem VVS (Verkehrs- und Tarifverbund Stuttgart), wurden von mir naldo (Verkehrsverbund Neckar-Alb-Donau GmbH), BUND (Bund für Umwelt und Naturschutz Deutschland), NABU, Greenpeace, attac, VCD, Transparency International und Lobbycontrol genannt. Das finde ich nach wie vor keine schlechte Idee, den Industrieinteressen auch echte Bürger- und Verbraucherinteressen an die Seite zu stellen, statt sie außen vor zu lassen, weil sie zu wenig Geld haben oder einfach unerwünscht sind.

Nun fischt Herr Hoerr findig den VVS und die Deutsche Bahn heraus und weist im selben Atemzug geschickt auf die Finanz-Defizite der Bahn hin. Er macht also gekonnt den Hinweis, dass die Bahn sowieso nicht richtig wirtschaften kann, und ich daher ganz absurde und völlig wirtschaftsfremde Ideen vorbringe. Das ist ein rhetorisch wirklich gelungener Schachzug von Herrn Hoerr. Er geht aber nicht wirklich auf die eigentliche Fragestellung ein, dass die Gremien von Cyber Valley einseitig industrienah besetzt sind. Seine Anmerkung ist daher ziemlich unsachlich und irreführend, erreicht aber gut das Ziel, einen unliebsamen Kritiker über unterstellte Inkompetenz herabzusetzen.

Dann schreibt Herr Hoerr: „Die Industrie wird ein Vielfaches der Kosten zu tragen haben. Die risikoreiche Entwicklung für den Markteintritt wird fast ausschließlich durch die beteiligten Unternehmen finanziert. Als ehemaliger Investmentbanker sollte Prof. Kreiß dieser Fakt bekannt sein." Diese herabsetzende Bemerkung von Herrn Hoerr, ich würde diesen Fakt nicht kennen oder absichtlich verschweigen, ist schlichtweg falsch, abgesehen davon, dass sie unsachlich ist. Falsch deshalb, weil die Grundfinanzierung von Cyber Valley zu weit über 90% aus öffentlichen Mitteln bestritten wird und nicht von den Industriekonzernen. Unsachlich deshalb, weil ich mit keinem Wort auf die Folgeentwicklungen eingehe, was mir Herr Hoerr fälschlich unterstellt. Mir geht es um die öffentlich finanzierte Grundlagenforschung, die hier einseitig durch die Konzerne beeinflusst wird. Mir geht es um freie Forschung an öffentlich-rechtlichen Universitäten und Forschungsinstituten, nicht um privatwirtschaftliche Folgeentwicklungen.

Weiter schreibt Ingmar Hoerr mit Verweis auf zwei Forschungskooperationen der Hochschule Aalen, deren Verträge nicht öffentlich gemacht wurden (wie an sämtlichen deutschen Universitäten und Fachhochschulen üblich – was ich ständig kritisiere): „Schade, dass an der Heimathochschule von Prof. Kreiß offensichtlich noch keine Referenzprojekte für perfekte Transparenz geschaffen wurden." Herr Hoerr macht mich also (mit-)verantwortlich dafür, dass diese Kooperationen nicht veröffentlicht wurden. Diese Argumentation ist an Unsachlichkeit und Absurdität schwer zu überbieten. Ich bin nicht der Rektor und habe daher auch keine Befugnisse, derartiges zu tun. Ein rhetorisch geschickter Schachzug, um von dem Problem vor Ort abzulenken und einen Kritiker abzuwerten. Schlechter Stil.

Am Schluss schreibt Herr Hoerr: „Völlig unverständlich ist mir jedoch, warum sich Prof. Kreiß nach seinen klaren Aussagen im Interview gegenüber dem Gemeinderat nicht weiter äußern will. „Kein Kommentar" ist einfach No-Go!" Ich habe mir zum Grundsatz gemacht, nur dann eine Meinung oder einen Kommentar zu machen, wenn ich mich zu einem Sachverhalt gründlich unterrichtet habe. Da ich zur Ansiedlung von Amazon in Tübingen nichts Qualifiziertes sagen kann, sage ich dazu auch nichts. Mir geht es um die Freiheit von Wissenschaft und Forschung an staatlichen Hochschulen und nicht um Ansiedlungspolitik von

Großunternehmen. Zu glauben, dass man zu allem und jedem einen Kommentar abgeben sollte, selbst wenn man inhaltlich zu der Sache kaum etwas weiß, ist ein merkwürdiger Vorwurf von Herrn Hoerr. Wo der Wille ist, jemanden schlechtzumachen, sind viele Mittel möglich. Besser für die Sache wäre eine faktenbezogene Argumentation, auf die sich Herr Hoerr leider so gut wie gar nicht einlässt. Die zentralen Kritikpunkte ignoriert er.

Auseinandersetzung mit Boris Palmer

Meine Kritik an Cyber Valley führte unfreiwillig auch zu einer Email-Auseinandersetzung mit Oberbürgermeister Boris Palmer. Ich möchte vorwegschicken, dass ich viele politische Weichenstellungen von Herrn Palmer äußerst schätze, insbesondere seine umweltschonende Verkehrspolitik, aber auch viele andere politische Äußerungen von ihm. Da ich selbst seit Jahrzehnten politisch links-grün orientiert bin, früher Parteimitglied bei den Grünen und davor Umweltaktivist bei Greenpeace war, sind mir viele Positionen von Herrn Palmer selbstverständlich äußerst sympathisch.

Trotzdem möchte ich hier meinen persönlichen Email-Wechsel mit Boris Palmer zu Cyber Valley veröffentlichen und kommentieren. Alle abgedruckten Emails sind <u>vollkommen ungekürzt</u>.

Es begann mit folgender Email eines Tübinger Bekannten von mir an Boris Palmer:

Gesendet: Mittwoch, 13. November 2019 17:21

An: Palmer, Boris, Universitätsstadt Tübingen <boris.palmer@tuebingen.de>
Betreff: Cyber Valley

Sehr geehrter Herr Oberbürgermeister,

Tübingern sollte einmal" Friedensstadt" werden, wie Sie selbst mir gegenüber vor einiger Zeit in einer E-Mail versicherten. Wenn Amazon für einen Spottpreis den Zuschlag für einen Bauplatz in der Oberen Viehweide bekommt, wird der wünschenswerte und anzustrebende Status einer Zone des Friedens für unsere Stadt ad absurdum geführt.

Das mit höchst fragwürdigen Methoden global agierende Unternehmen Amazon steht bekannterweise in enger Kooperation mit dem Pentagon und den diversen US-Geheimdiensten und ist somit wichtiger Akteur im industriell-militärischen Komplex der sich immer dreister gebärdenden einzigen Weltmacht. Deren Kennnzeichen sind willkürliche wirtschaftliche Sanktionen, Androhung von Gewalt und Kriegen, regime change, Drohnenmorde, Missachtung des Völkerrechts und internationaler Abmachungen, um nur einige zu nennen. Wenn Tübingen Amazon die Tür öffnet, wird unsere dem Geist und der Wissenschaft verpflichtete Stadt zum Handlanger eines weltweiten, inhumanen US-Imperialismus.

Die beigefügten Dokumente zum Cyber-Valley-Projekt von Prof. Christian Kreiß von der Hochschule Aalen mögen Ihnen bei Ihrer Entscheidungsfindung behilflich sein.

Mit freundlichen Grüßen

[...] 72070 Tübingen

Die Antwort von Boris Palmer, *Mittwoch, 13. November 2019 um 18:01 Uhr:*

Guten Tag Herr XXX,

Herr Prof. Kreiß hat leider eine Reihe objektiv falscher Behauptungen aufgestellt. Dem kann ich nicht folgen. Und Amazon in Tübingen nicht forschen zu lassen, verbessert keinen einzigen der von Ihnen genannten Aspekte, sehr wohl aber unsere Zukunftschancen. Der Preis ist kein Spott, sondern der höchste, der für Flächen dort oben bislang bezahlt wurde.

Mit freundlichen Grüßen

Boris Palmer

Oberbürgermeister

Dieser Email-Wechsel wurde mir von dem Bekannten weitergleitet. Daraufhin wandte ich mich an Herrn Palmer (Sonntag, 17.11.2019 20.02 Uhr):

Sehr geehrter Herr Palmer,

in der Email unten sagen Sie, ich hätte „eine Reihe objektiv falscher Behauptungen aufgestellt", sprich gelogen. Denn so definiert man m.E. „lügen". „Eine Reihe": Da würde ich sagen, das sollten mindestens drei sein.

Könnten Sie mir bitte mindestens drei Behauptungen von mir aufzählen, die „objektiv falsch" sind? Andernfalls müsste ich Sie eigentlich als „Lügner" bezeichnen dürfen, bzw. jemanden, der „objektiv falsche" Aussagen macht, oder? So wie Sie es dem mit mir befreundeten Herrn XXX gegenüber tun?

Mit freundlichen Grüßen

Dr. Christian Kreiß [...]

P.S. zur Replik von Cyber Valley: Cyber Valley hat den Vermerk über die stimmberechtigten Mitglieder m.E. erst NACH meinem Vortrag bzw. meinem Interview ins Internet eingestellt. Wie soll man zwischen stimmberechtigten und nicht stimmberechtigten Mitgliedern unterscheiden, wenn das auf der Homepage von Cyber Valley nicht offengelegt wird – wie so vieles, das nicht offengelegt wird? Das ist eine ziemlich unfaire und unwissenschaftliche Argumentation von Cyber Valley gewesen - und das im Namen der Wissenschaft.

Die Antwort von Boris Palmer am 18.11.2019 um 10.20 Uhr:

Sehr geehrter Herr Kreiß,

ich denke, einem Professor sollte der Unterschied zwischen objektiv falschen Tatsachenbehauptungen und einer Lüge bekannt sein. Da ich nicht wissen kann, ob sie absichtlich die Unwahrheit sagen, behaupte ich das nicht. Die Cyber Valley Initiative hat die falschen Tatsachenbehauptungen schon am nächsten Tag widerlegt. Das kann Ihnen nicht entgangen sein (siehe Ihr PS). Im Übrigen finde ich Ihre Intervention mit Ferndiagnose aus Aalen mehr als befremdlich. Dass Sie nicht erkannt haben, dass Sie damit massiv Einfluss auf die Lokalpolitik nehmen, halte ich nicht für sehr wahrscheinlich. Gepaart mit falschen Aussagen ist das ein Vorgang, der dienstrechtliche Fragen aufwirft.

Mit freundlichen Grüßen

Boris Palmer

Oberbürgermeister

Hier ein kurzer Kommentar von mir: Den Schlusssatz „Gepaart mit falschen Aussagen ist das ein Vorgang, der dienstrechtliche Fragen aufwirft" könnte man als Drohung oder Einschüchterungsversuch interpretieren. Ich empfand ihn als ziemlich unverschämt und gleichzeitig bedrohlich. Denn sowohl der Ministerpräsident von Baden-Württemberg sowie die Landesministerin für Wissenschaft, Forschung und Kunst, also meine oberste Dienstherrin, sind beide Parteigenossen von Herrn Palmer bei den Grünen. Insofern hatte die Androhung von Herrn Palmer, ggf. dienstrechtliche Schritte einzuleiten, in meinen Augen ein durchaus ernstzunehmendes Drohpotential. Ich fand diese Drohung von Herrn Palmer ziemlich unter der Gürtellinie. Auf meine Frage, mindestens drei „objektiv unwahre Tatsachenbehauptungen" zu nennen, ging Herr Palmer nicht ein. Das wäre ihm auch nicht möglich gewesen, denn alle meine Aussagen waren gut belegt.

Meine Antwort am Mo., 18.11.2019 um 10.31 Uhr:

Welche falschen Aussagen? Und eine ganze Reihe? Nennen Sie mir drei. Das stimmt einfach nicht, das ist alles minutiös recherchiert und dokumentiert. Cyber Valley geht mit dem nachträglichen Einstellen von Information absolut fahrlässig vor, das ist einfach nicht in Ordnung.

Darauf Herr Palmer (18.11., 10.43 Uhr):

Wenn Sie nicht mal einen Anruf oder eine Mail machen, um Infos von Homepages abzusichern, ist das mit meinem Anspruch auf Wissenschaftlichkeit nicht vereinbar. Die Dokumente dazu gab es lange vorher. Geheim gehalten wurden sie nicht. Ihre Intervention bleibt vollkommen unverständlich und einem Hochschulprofessor unangemessen.

Mit freundlichen Grüßen

Boris Palmer

Oberbürgermeister

Ein Kommentar von mir: Ich habe im Laufe der Recherchejahre zum Thema gekaufte Wissenschaft mehrfach bei Universitäten angefragt und um Einsichtnahme bzw. Zusendung von Unterlagen gebeten. Das war regelmäßig sinnlos. Die Verträge und Dokumente werden nie herausgerückt. Deshalb habe ich es irgendwann einmal einfach aufgegeben.

Meine Replik (18.11.2019, 12.22 Uhr):

Ist es wirklich gut für unser Land, wenn die geballte Automobilindustrie – nach der ganzen Diesel-Geschichte – sich mit der Wissenschaft verbündet, wo es um Wahrheit gehen soll, nicht um Gewinnmaximierung? Ohne nennenswertes Gegengewicht in den Entscheidungsgremien, ohne vcd, Greenpeace, BUND, attac usw.? Ohne Transparenz, ohne Offenlegung jeglicher Verträge? Und dazu noch amazon, ausgerechnet amazon? Ist das die von den Grünen langfristig gewollte Wissenschafts-

politik? Anton Hofreiter sagte mir in einem fast zweistündigen persönlichen Gespräch vor einigen Monaten, dass die unabhängige Wissenschaft dezimiert werden SOLL, dass sie keine so kritischen Fragen mehr stellen soll. Wer stellt denn heute in der Wissenschaft überhaupt noch kritische Fragen? Und wenn man es tut, wird man abgewatscht, meistens ohne dass man ernsthaft auf die VIELEN Argumente überhaupt nur eingeht. Man pickt sich ein einziges Argument heraus und versucht - mit teilweise unlauteren Mitteln - zu diskreditieren. Wohin geht unser Land in der Wissenschaftspolitik und im Diskurs darüber? Was ist angemessen oder unangemessen? Schweigen und wegschauen? Ist das wirklich besser? Ich war jahrelang bei Greenpeace, später bei den Grünen, habe versucht, mich immer für eine lebenswerte Umwelt einzusetzen. Sich in der Beamtensituation auszuruhen, wäre so viel bequemer...

Herzliche Grüße

Christian Kreiß

Kommentar: Das war ein ernst gemeinter, von Herzen und bewusst sehr persönlich formulierter Versöhnungsversuch, im Namen der Umwelt und Gesundheit Herrn Palmer von der Richtigkeit der Sache zu überzeugen.

Seine Antwort (18.11.19, 17.28 Uhr):

Sehr geehrter Herr Kreiß,

Vielen Dank für die offenen und ehrlichen Worte. Ich hatte so etwas vermutet. Es tut mir leid, Sie machen da einen schweren Fehler. Sie können Ihre Professur nicht für gesellschaftspolitisches Engagement umwidmen. Die edle Absicht rechtfertigt den Regelverstoß nicht. Sie werden ja nicht als Aktivist interviewt, sondern als vermeintlich neutraler Wissenschaftler. Als solcher haben Sie aber nicht agiert. Das gefährdet die Akzeptanz von Wissenschaft in Debatten. Wenn Sie so agieren, müs-

sen Sie das nach außen kennzeichnen. Die Sache ist vorbei, aber Sie haben Leute auf Bäume getrieben, von denen die erstmal nicht mehr runterkommen. Sie haben an der Entscheidung nichts verändert, aber Vertrauen in Institutionen beschädigt. Das ist es nicht wert. Der Zweck heiligt nicht die Mittel.

Mit freundlichen Grüßen

Boris Palmer

Kommentar: Diese Antwort war für mich extrem bitter. Ich hatte versucht, Herrn Palmer ehrlich über Sachargumente und persönliche Betroffenheit zu gewinnen und dann das: unsachlicher Vorwurf von Regelverstoß (welcher Regelverstoß?), unsachlicher Vorwurf „vermeintlich neutraler Wissenschaftler", unsachlicher Vorwurf der Gefährdung der Akzeptanz von Wissenschaft – genau das ist mein Herzensanliegen, zu zeigen, wie Industrieinteressen die Wissenschaft korrumpieren und ihre Akzeptanz unterminieren. Unsachlicher Vorwurf, Vertrauen in Institutionen zu beschädigen. Damit ist vermutlich Cyber Valley gemeint. Das nichttransparente Verhalten und die starke Industrieinfiltration gefährden das Vertrauen in Forschungs-Institutionen wie Cyber Valley, und nicht, wenn man darauf hinweist. „Der Zweck heiligt nicht die Mittel": Genau das ist meine zentrale Kritik an aller gekaufter Forschung.

Kurz: Boris Palmer verdreht meine Argumente komplett, kehrt sie in ihr Gegenteil und stellt alle meine Aussagen genau auf den Kopf. Es war für mich sehr bitter, einen Grünen so vollkommen die Hauptideale der Grünen und der Menschlichkeit verleugnen zu sehen und sich ideologisch gänzlich auf die Seite der Großindustrie zu schlagen.

Meine Antwort (18.11.2019, 22.01 Uhr):

Sehr geehrter Herr Palmer,

meine Argumente sind alle wissenschaftlich korrekt, jeder Satz aus meinem Vortrag ist belegbar, alles folgt wissenschaftlichen Regeln. Sie haben mir bis jetzt keine drei Fehlaussagen genannt. Das wird Ihnen auch schwerfallen. Sie können höchstens Gegenargumente ins Feld führen. Gegenargumente gibt es gegen alles. Die Frage ist nur, welches Argument besser ist. Ich bin da, was meine anlangt, ganz zuversichtlich.

Wer permanent Regelverstöße im Wissenschaftsbetrieb begeht, ist die Industrie: Diesel, Glyphosat, Pharma, Chemie, Zuckerlobby, Gen-Food…, die Liste ist lang, die Manipulationen endlos, das sagen jedenfalls zahllose unabhängige, nicht von der Industrie bezahlte Experten, das ist auch gut belegt und habe ich ja ausführlich in meinem Buch von 2015 aufgezeigt.

DAS gefährdet die Akzeptanz von Wissenschaft in unseren Debatten. Der Einzug dieses unwissenschaftlichen Verhaltens im Dienste der Gewinnmaximierung – dieser Zweck heiligt die Mittel - in unsere Universitäten ist die Unterwanderung der Glaubwürdigkeit der Wissenschaft. Auf diese Missstände hinzuweisen, ist für mich Bürgerpflicht und der Versuch, die Glaubwürdigkeit einer aufrichtigen Wissenschaft zu erhalten. Dass das Machtmenschen und der Kapitalseite nicht gefällt, ist klar. Sie verdrehen leider vollkommen die Tatsachen, vielleicht liegt es auch daran, dass Sie den Wissenschaftsbetrieb nicht genügend von innen kennen.

Viele Grüße

Christian Kreiß

Der Schluss des Email-Wechsels:

Mo 18.11.2019 22.21 Uhr, Email von Boris Palmer:

Tut mir leid, da kommen wir nicht weiter. Ich halte Ihr Vorgehen für unwissenschaftlich und politisch falsch. Sie können diese Kritik weiterbearbeiten, wie Sie es für richtig halten. Mehr kann ich nicht anbieten. Ansonsten werden sich unsere Wege vermutlich nicht weiter kreuzen.

Kommentar: Und noch zuletzt irreführende, falsche Unterstellungen: Ich hatte nie versucht, zu verhindern, dass Amazon in Tübingen baut. Gerade zu dieser Frage habe ich bewusst nicht Stellung genommen. Genau darum ging es mir grade von Anfang an <u>nicht</u>, wie Herr Palmer mir unterstellt, sondern um integre, ausgewogene Wissenschaft.

Zusammenfassung und Fazit zu Cyber Valley

Ich bin kein Gegner von Cyber Valley, ich würde mir nur ausgewogenere, unabhängigere, freiere Forschungsstrukturen dort wünschen. Und zwar aus folgenden Gründen:

Einseitig konzernfreundliche Ausrichtung

Außer den öffentlich-rechtlichen Forschungseinrichtungen Max-Planck-Institut, Uni Tübingen und Uni Stuttgart sind als Kooperationspartner bei Cyber Valley ausschließlich Industriekonzerne beteiligt. Neben Amazon sind es sechs große Unternehmen aus der Automobilbranche, darunter sämtliche großen deutschen Automobilhersteller.

Es fehlen als Kooperationspartner insbesondere Interessenvertreter der Allgemeinheit wie beispielsweise VCD, NABU, BUND, Greenpeace, Lobbycontrol, Deutsche Bahn oder regionale öffentliche Verkehrsbetreiber. Dadurch steht zu befürchten, dass die Forschungsagenda einseitig zu Gunsten der beteiligten Industriekonzerne ausgerichtet wird, also an Gewinninteressen statt an Bürger- oder Gemeinwohlinteressen.

Der einflussreiche Vorstand von Cyber Valley besteht aus drei Personen, einem Vorstandssprecher und zwei stellvertretenden Vorstandssprechern. Der Vorstandssprecher und damit eine Galionsfigur von Cyber Valley ist ein „Distinguished Amazon Scholar". Einer der beiden stellvertretenden Vorstandssprecher kommt aus der Industrie. Zwei von drei Vorständen sind also offenbar sehr industrienah. Das dürfte zu einer industriefreundlichen statt einer neutralen, allgemeinwohlorientierten Forschungsausrichtung führen.

Das zweite wichtige Entscheidungsgremium, die Vollversammlung, die unter anderem den Vorstand bestellt, ist meiner Einschätzung nach ebenfalls zur Hälfte mit industrienahen Vertretern besetzt. Die einseitig industrienahe Besetzung des Vorstandes zeigt jedenfalls, dass die Vollversammlung diese Industrienähe offenbar so gewollt und beschlossen hat.

Der in der PR von Cyber Valley stark hervorgehobene öffentliche Beirat, das Cyber Valley Public Advisory Board, das für die Bewertung ethischer und gesellschaftlicher Aspekte zuständig ist, entscheidet laut Angaben auf der Homepage letztlich nur über sehr niedrige Beträge und übt somit, gemessen am Gesamtfinanzierungsvolumen, vermutlich hauptsächlich eine Feigenblattfunktion aus.

Zu großer Einfluss von Amazon

Es bestehen extrem enge personelle Verbindungen auf höchster Ebene zwischen Cyber Valley und Amazon. Daneben lenkt der Forschungspreis von 420.000 Euro, den Amazon jedes Jahr auslobt, meiner Einschätzung nach talentierte junge Menschen in konzernwohlwollende, konzernunkritische Forschung und hat letztlich die Funktion von Amazon-Werbung auf dem Campus von Cyber Valley. Der Einfluss von Amazon auf Forschungsfragen und –ergebnisse von Cyber Valley ist meiner Einschätzung nach viel zu groß für einen zu über 90 Prozent durch Steuermittel finanzierten Forschungsverbund.

Perfekte Nichttransparenz

Sämtliche Kooperationsverträge von Cyber Valley mit den sieben Industriepartnern sind Verschlusssache, werden nicht veröffentlicht. Es herrscht hier perfekte Nichttransparenz. Das Argument, man könne diese Verträge wegen Betriebsgeheimnissen nicht veröffentlichen, ist nur ein Vorwand. Man könnte problemlos konkurrenzkritische Passagen schwärzen. In Wirklichkeit <u>will</u> man derartige Verträge in den mir bekannten Fällen nicht veröffentlichen, um sich nicht in die Karten schauen zu lassen, wer de facto worüber zu entscheiden hat. Da kommt nämlich häufig heraus, dass die Industriepartner einen ungebührlichen Einfluss auf Forschungsfragen und –ergebnisse haben.

Cyber Valley und die Sechs-Schritte-Strategie ins Verderben

Aus Sicht von Amazon und den sechs beteiligten geldgebenden Automobilkonzernen kann man Cyber Valley zuletzt mit Blick auf die Sechs-Schritte-Strategie in Richtung gelenkte Forschung analysieren.

1. <u>Auswahl besonders vielversprechender, industrienaher Wissenschaftler:</u> Zwei sehr wichtige Vertreter von Cyber Valley sind nicht nur sehr industrienah, sondern sogar direkt auf der payroll von Amazon. Ein

Vorstandmitglied ist von Bosch. Es sind also mehrere sehr prominente Vertreter von Cyber Valley äußerst industrienah.

2. <u>Fördern der besonders industrienahen Forscher:</u> Bei Cyber Valley fließen riesige Geldbeträge, es geht um insgesamt weit über 100 Millionen Euro. Wer dort mitmachen darf, gewinnt selbstverständlich wissenschaftliche Reputation.

3. <u>Maximale Intransparenz herstellen und/ oder Geheimhalten der Verbindungen zur Industrie:</u> Alle Verträge sind geheim. Es herrscht perfekte Nichttransparenz.

4. <u>Gewünschte Ergebnisse sicherstellen:</u> Es gibt derart viele gute und renommierte Forscher im Cyber-Valley-Verbund, dass man aus Konzernsicht die Forschungsfragen und -ergebnisse insgesamt keinesfalls sicherstellen kann. Auf engen Teilgebieten, die die Automobilindustrie oder Amazon direkt betreffen, dürften die Konzerne versuchen, die Forschung in eine bestimmte Richtung zu schieben. Insbesondere der jährliche Amazon-Forschungspreis von 420.000 Euro dürfte zu nicht allzu Amazon-kritischer Forschung führen.

5. <u>Confounder einführen und Fehlfährten legen:</u> Wie Punkt vier: Angesichts der großen Vielfalt ausgezeichneter Forscher dürfte das bei Cyber Valley insgesamt kaum möglich sein. Auf bestimmten Teilgebieten, die die Automobilindustrie oder Amazon unmittelbar betreffen, dürften die Konzerne versuchen, von bestimmten potentiell absatzschädigenden Fragestellungen oder Konzepten abzulenken.

6. <u>Verzögern politischer Gegenmaßnahmen, Paralyse durch Analyse:</u> Das dürfte bei Cyber Valley insgesamt kaum relevant sein, dafür ist das Forschungsthema viel zu weit. Falls konkrete automobilunfreundliche Gesetze oder Maßnahmen auf Landesebene Baden-Württembergs oder auf Bundesebene geplant sein sollten, werden die Konzerne sicher nicht schlafen und alles versuchen, das zu verhindern, auch über mög-

liche Kanäle und Beziehungen zu Cyber Valley. Das Gleiche gilt für Amazon. Schließlich hat jeder Industriepartner fast zwei Millionen Euro investiert und das Geld sollte natürlich Rendite bringen.

Kein Zweifel an der Integrität der beteiligten Cyber Valley-Forscher

Meine Ausführungen zu Cyber Valley sollen keinerlei persönliche Kritik an den insgesamt weit über 100 absolut integren, ausgezeichneten und sicherlich hingebungsvoll arbeitenden Forschern des Max-Planck-Instituts oder der beteiligten Universitäten sein. Es soll auch keinerlei Zweifel an der Redlichkeit der vorzüglichen Wissenschaftler gesät werden. Mir geht es darum, auf die leider einseitig industrienahen Rahmenbedingungen und Strukturen von Cyber Valley hinzuweisen, die einer wirklich freien, unabhängigen und ausgewogenen Forschung deutlich im Weg stehen und insbesondere konkrete konzernkritische Forschung weitgehend erschweren oder gar verhindern dürften.

Der Dieselskandal

Frage: „Für wie problematisch halten Sie die Abgase?"
Antwort: „Durch die modernen Abgasnachbehandlungsanlagen
spielt der Dieselmotor in der umweltpolitischen Diskussion keine Rolle
mehr, weil Partikel und Stickstoffdioxid auf ein nahezu homöopathi-
sches Niveau sinken. Man könnte fast sagen, dass ein moderner Diesel
in vielen Situationen sozusagen die Luft reinigt."[152]
(Dr. Ulrich Eichhorn, Juni 2013)

Ein Musterbeispiel für korrupte Wissenschaft

Am Dieselskandal kann man besonders gut lernen, wie Wissenschaft konzernintern mit langem Atem, über viele Jahre hinweg zu planmäßigem Lügen missbraucht werden kann und dadurch Milliardengewinne erzielt werden. In unserem Zusammenhang fast noch wichtiger ist, dass durch die Autokonzerne über Jahrzehnte hinweg eine solche Filz-Struktur mit den Universitäten aufgebaut wurde, dass dort heute kein ernstzunehmendes Gegengewicht mehr gegenüber der konzernbeeinflussten Forschung existiert. Forschungsinhalte und -ergebnisse an öffentlich-rechtlichen Hochschulen auf dem Automobilgebiet werden durch die personellen Verflechtungen und die finanzielle Abhängigkeit so beeinflusst, dass an unseren Universitäten kaum mehr automobilindustriekritische Forschung stattfindet. Nach Aussage eines Insiders war die Einflussnahme der Autokonzerne auf die Universitätslabore vor dem Bekanntwerden des Abgasskandals so stark, dass unabhängige Untersuchungen zu Dieselemissionen an deutschen Universitätslabors unmöglich waren. Dadurch wurde das Aufdecken des Dieselbetruges stark erschwert und verzögert. Außerdem zeigt die Dieselaffäre auch gut den

---

[152] EUGT Kompakt, Newsletter Juni 2013, S.4

Filz mit Ministerien auf, so dass politische Gegenmaßnahmen erfolgreich verhindert werden können. Selbst wenn nachgewiesenermaßen methodisch gelogen wird, dadurch zehntausende Menschen an Lungenkrankheiten sterben und sehr viel mehr Menschen, insbesondere Kinder, krankgemacht werden, führt dies zu keinen nennenswerten politischen Gegenmaßnahmen oder Sanktionen.

Der Betrug kommt ans Tageslicht

Im September 2015 wurde bekannt, dass Volkswagen eine illegale Abschalteinrichtung in der Motorsteuerung von Diesel-Fahrzeugen auf Prüfständen verwendete, um niedrige Abgaswerte vorzutäuschen. Obwohl VW im Mittelpunkt des Skandals stand, stellte sich später heraus, dass auch praktisch alle anderen europäischen Autohersteller sowie einige asiatische Hersteller die Lügensoftware einsetzten.[153] Spitzenmanager von VW logen noch 2015, von der Betrugssoftware nichts zu wissen. In Wahrheit waren die Betrugsmaßnahmen jedoch bereits viele Jahre vor der Aufdeckung bewusst angeordnet worden.[154]

Eine Schlüsselrolle bei der Aufdeckung der Manipulationen spielten Peter Mock[155] und Axel Friedrich. Peter Mock ist Europachef und Managing Director des International Council on Clean Transportation (ICCT bzw. Internationaler Rat für sauberen Verkehr), einer „gemeinnützige Organisation mit der Aufgabe, von Lobbyisten unbeeinflusste Forschung zu betreiben und technische und wissenschaftliche Analysen für

---

[153] In einem Gespräch sagte mir Axel Friedrich, dass alle europäischen und einige asiatische Autokonzerne die Betrugssoftware benutzten
[154] https://de.wikipedia.org/wiki/Abgasskandal Stand 5.5.2020
[155] https://www.morgenpost.de/wirtschaft/article211387975/Abgasexperte-Diesel-ist-mit-Gipfel-nicht-mehr-zu-retten.html Stand 6.5.2020

Umweltbehörden zu erstellen"[156] mit Sitz in Berlin. Axel Friedrich ist Mitbegründer der ICCT, war jahrelang Direktor im Umweltbundesamt und hat später für die Deutsche Umwelthilfe gearbeitet. Die 1975 gleichzeitig mit dem BUND-Landesverband Baden-Württemberg gegründete gemeinnützige und unabhängige Umwelt- und Verbraucherschutzorganisation Deutsche Umwelthilfe (DUH)[157] hatte seit 2007 vielfach auf Verstöße bei den Abgasemissionen hingewiesen.[158] Durch Hinweise und auf Initiative des Berliner Zweiges der ICCT wurden schließlich in den USA Mess-Versuche vorgenommen, die belegten, dass VW eine Betrugssoftware einsetzte. Dadurch kam dann die ganze Dieselaffäre ins Rollen und die Wahrheit ans Tageslicht. Es waren also vor allem zwei Menschen, die unbeirrt genug waren und den Mut hatten, das ganze Konzern-Lügengebäude zum Einsturz zu bringen, Peter Mock und Axel Friedrich. In einem Gespräch sagte mir Axel Friedrich, dass beide sehr viele Drohungen, auch Morddrohungen bekamen.

Gerade der Dieselskandal zeigt daher beeindruckend, wie wichtig es ist, dass es unabhängige, nicht industriemanipulierte Forschungsinstitute wie den ICCT oder die DUH gibt. Ohne solche wirklich freie und unabhängige Forschung wäre das Aufdecken des systematisch geplanten, millionenfachen Betruges der Automobilkonzerne nicht möglich gewesen. Die deutschen Hochschulen, die als öffentlich-rechtliche Institute theoretisch unabhängige Forschung betreiben könnten, versagten auf ganzer Linie: Axel Friedrich sagte mir in einem Gespräch, dass es unmöglich war, die Tests an deutschen Universitätslabors durchzuführen. Sie weigerten sich schlichtweg aus Angst vor negativen Auswirkungen. Er habe kein einziges Uni-Institut dafür gefunden, da diese praktisch alle intensiv mit der Automobilindustrie kollaborierten und von den Aufträgen der Industrie finanziell abhängig seien. Das Veröffentlichen von

---

[156] https://de.wikipedia.org/wiki/International_Council_on_Clean_Transportation Stand 6.5.2020
[157] https://de.wikipedia.org/wiki/Deutsche_Umwelthilfe Stand 6.5.2020
[158] https://de.wikipedia.org/wiki/Abgasskandal Stand 5.5.2020

konzernkritischen Forschungsergebnissen hätte, so Axel Friedrich, die Existenz der Universitätseinrichtungen in Frage gestellt, da dann die Mittelzuweisungen aus der Automobilindustrie an die Hochschul-Forschungslabors eingestellt worden wären. Er meinte, der Filz zwischen Universitäten und Automobilindustrie sei wohl noch weit schlimmer als der zwischen Universitäten und Pharmaindustrie.

Das traurige Ausmaß des Betruges: Millionen von Kranke und Zigtausende Tote – aber die Gewinne stimmen

Allein von VW wurde die Lügensoftware bewusst in über 10 Millionen Fahrzeuge eingebaut. Durch den Betrug wurden über Jahrzehnte sehr viel höhere krankmachende Emissionen ausgestoßen, als gesetzlich erlaubt war. Nach Schätzungen des „Spiegel" von 2018 starben dadurch weltweit jährlich etwa 66.000 Menschen vorzeitig durch Feinstaub. Allein durch den betrügerischen Einbau der Lügensoftware sollen demnach wegen Überschreitens von Grenzwerten 2015 etwa 38.000 Menschen vorzeitig gestorben sein. Nach Schätzungen von Axel Friedrich würden in den zehn Folgejahren etwa 80.000 Tote dazukommen, ein Vielfaches sämtlicher Covid-19-Toten in Deutschland. Das sind nur die Toten. Die Zahl der Kranken, insbesondere von Kindern, dürfte um ein Vielfaches höher sein. Die ökonomischen Schäden des Betrugs in Form von Krankheit und Tod wurden in einer Studie holländischer Wissenschaftler von 2009 bis 2015 auf 39 Milliarden Dollar geschätzt, ohne politische Gegenmaßnahmen wie Rückrufaktionen oder Einbau von Katalysatoren sollten die Kosten im Laufe der Folgejahre auf über 100 Milliarden Dollar steigen.[159]

---

[159] Vgl. Kreiß/ Siebenbrock 2019, BWL S.118ff.

Diesen Schäden standen satte Gewinne der Autokonzerne gegenüber: VW wies beispielsweise 2017 einen Jahresgewinn von etwa 17 Milliarden Euro aus, Daimler 14 Milliarden Euro Gewinn und BMW 11 Milliarden Euro. BMW veröffentlichte für 2017 im Segment Automobile einen Return on Capital Employed, also eine Rendite auf das eingesetzte Kapital von 78,6%. Mit anderen Worten: Aus einem Euro eingesetzten Kapitals hat BMW 2017 binnen Jahresfrist 1,786 Euro gemacht.[160] Das sind nur die Zahlen von 2017, also etwa eineinhalb Jahre <u>nach</u> Aufdecken des Betruges. Lügen und Betrügen scheint sich für die Konzerne ziemlich gelohnt zu haben – zu Lasten unserer Kinder und unserer Gesundheit.

Bauernopfer statt Haftbarmachen der eigentlich Verantwortlichen

Zwei VW-Manager, die Ingenieure Oliver Schmidt und James Oliver Liang, kamen in den USA dafür ins Gefängnis. Der mittlerweile in Pension befindliche Herr Liang wurde in den USA zu 200.000 Dollar Strafzahlung und 3 Jahren 4 Monaten Haft verurteilt, wovon er zwei Jahre in den USA verbüßte.[161] Der Ingenieur Oliver Schmidt beging den Fehler, im Januar 2017 einen zweiwöchigen Urlaub in den USA zu verbringen, nachdem er am Flughafen von Miami vom FBI festgenommen wurde. Am 6. Dezember 2017 wurde Schmidt daraufhin laut wikipedia „von einem Bundesgericht in Detroit wegen Verschwörung zum Betrug und Verstoßes gegen Umweltgesetze zu einer siebenjährigen Gefängnisstrafe und einer Geldstrafe in Höhe von 400.000 US-Dollar verurteilt. Noch im selben Monat wurde er daraufhin von Volkswagen entlassen.

---

[160] Vgl. Kreiß/ Siebenbrock 2019, BWL S.118ff.

[161] https://www.handelsblatt.com/unternehmen/management/dieselskandal-verurteilter-volkswagen-ingenieur-liang-aus-haft-entlassen/25354758.html?ticket=ST-3868090-VMJEvdafUrkOR6PoiPNQ-ap1

Er verbüßt seine Haftstrafe derzeit (November 2019) im Bundesgefängnis von Milan (Michigan). Mit seiner Freilassung wird 2023 gerechnet. Schmidt sieht sich als Bauernopfer in der Dieselaffäre. Er gilt als weitgehend geständig und behauptet, nicht aus eigenem Antrieb gehandelt zu haben. Nach eigenen Angaben habe er erst im Sommer 2015 und in Schritten von illegalen Abschalteinrichtungen erfahren."[162]

Dass Oliver Schmidt ein Bauernopfer ist, glaube ich sofort. Ein guter Bekannter von mir, der ein sehr hoher Manager im VW-Konzern war, meinte, bei VW sei alles streng hierarchisch angeordnet. Es sei ein Witz, zu glauben, dass ein niedriger Manager ohne Anweisung von oben handeln würde. Die Vorstände und Spitzenmanager von VW dürften klug genug gewesen sein, die USA nach 2016 nicht mehr zu betreten. Es ist interessant: Wer einen Menschen schädigt oder gar tötet, kommt in unserem Land für einige Jahre ins Gefängnis. Wer zehntausende Menschen tötet und noch viel mehr schädigt, dem passiert fast nichts.

Durch Autokonzerne systematisch korrumpierte Wissenschaft: die EUGT

2007 wurde von VW, BMW, Daimler und Bosch die EUGT gegründet, die „Europäische Forschungsvereinigung für Umwelt und Gesundheit im Transportsektor", die bis 2017 tätig war. Offiziell war ihr „Ziel, die Auswirkungen des Verkehrs auf die Gesundheit zu bewerten und zu dokumentieren mit Schwerpunkt auf [der] Luftverschmutzung durch Feinstaub, Stickoxide und Dieselabgase".[163] Ihr eigentliches Ziel war jedoch, unter einem schön klingenden und ablenkenden Namen Gefälligkeitsstudien für die Autohersteller zu produzieren. Ihr Hauptsponsor war

---

[162] https://de.wikipedia.org/wiki/Oliver_Schmidt_(Ingenieur) Stand 7.5.2020
[163] https://de.wikipedia.org/wiki/Europ%C3%A4ische_Forschungsvereinigung_f%C3%BCr_Umwelt_und_Gesundheit_im_Transportsektor Stand 8.5.2020

VW. Nachdem die Diesellägen (???) aufflogen, wurde die konzerngelenkte Forschungsvereinigung aufgelöst, weil sie angesichts der öffentlichen Empörung nicht mehr tragbar war. Bosch war bereits 2013 ausgeschieden. Das ist für mich nicht sehr überraschend, da Bosch als Stiftungsunternehmen nicht in so starkem Maße auf Gewinnmaximierung angewiesen ist wie die drei börsennotierten Konzerne VW, Daimler und BMW.

Man versuchte, die konzerngelenkte Forschung von Anfang an zu tarnen und dem Institut einen möglichst neutral und unabhängig klingenden Namen zu geben, um die eigentliche Absicht zu verschleiern: manipulierte Forschung zu Gunsten der Konzerngewinne durchzuführen. Denn wer glaubt schon einer wissenschaftlichen Studie, die die Unschädlichkeit von Autoabgasen beweist und von Dr. Daimler, Dr. Volkswagen oder Dr. BMW unterschrieben ist? Die Initiatoren wollten das Institut zunächst „Europäisches Institut für Umwelt- und Gesundheitsforschung im Transportsektor" nennen, was das zuständige Amtsgericht jedoch wegen Beschönigung verweigerte. Auch das Motto der Forschungsvereinigung, ein Ausspruch von Albert Einstein, ist interessant: „Es ist schwieriger, eine vorgefasste Meinung zu zertrümmern als ein Atom."[164] Denn die EUGT war ja genau auf einer stark vorgefassten Meinung aufgebaut.

Also bereits das Motto der Gesellschaft war eine perfekte Verdrehung der Wahrheit. Kurz: Es wurde wirklich viel versucht, um von dem eigentlichen Ziel abzulenken und zu beschönigen, wo es nur ging. Das wirkliche Motto lautete: täuschen und tarnen und Autoabsatz ankurbeln. Zu diesem Zweck wies die EUGT ursprünglich auf ihrer Homepage das Umweltbundesamt und die deutsche Umweltstiftung als Kooperationspartner aus, obwohl gar keine Kooperation bestand. Außerdem

---

[164] EUGT Chronik 2012-2015

vermied man auf der Webseite den Hinweis, dass EUGT-Geschäftsführer Michael Spallek VW-Angestellter und früherer Leiter des Gesundheitsschutzes bei VW war. Stattdessen wurde Herr Spallek sehr schön klingend als Facharzt für Arbeits- und Umweltmedizin vorgestellt.[165] Er ist auch heute offenbar unverändert Angestellter bei VW in Kassel.[166]

Die Person Helmut Greim

Die Schlüsselfrage bei der Gründung solcher Institute ist selbstverständlich die Personalauswahl. Es muss sichergestellt sein, dass nicht etwa falsche Fragen gestellt werden oder gar falsche Ergebnisse herauskommen. Der Vorstand der Forschungsvereinigung war lupenrein mit Konzernmitarbeitern besetzt, ohne dass man dies groß nach außen kommunizierte. Vorsitzender des Forschungsbeirates wurde der 1935 geborene emeritierte Professor der TU München Dr. Helmut Greim, der sich auch schon in sehr vielen anderen Fällen als besonders zweifelhafter und industriefreundlicher Wissenschaftler bewährt hatte.

---

[165] https://de.wikipedia.org/wiki/Europ%C3%A4ische_Forschungsvereinigung_f%C3%BCr_Umwelt_und_Gesundheit_im_Transportsektor Stand 9.5.2020. Bei wikipedia heißt es dazu: „2016 identifizierte sich Spallek auf der EUGT Website lediglich als "Facharzt für Arbeits- und Umweltmedizin" und nicht als Mitarbeiter von Volkswagen, obwohl er unter anderem Leiter des Gesundheitsschutzes bei VW Nutzfahrzeuge in Hannover und bei der "Abteilung Außen- und Regierungsbeziehungen" war." https://de.wikipedia.org/wiki/Michael_Spallek Stand 9.5.2020
[166] https://de.wikipedia.org/wiki/Michael_Spallek Stand 9.5.2020

Auf Herrn Greim war aus Sicht der Autokonzerne Verlass. Das sollte sich später auch als richtig erweisen. Der Mediziner und Toxikologe verharmloste bis zuletzt, noch 2018, im Alter von 82 Jahren öffentlich die Gefahren von Autoabgasen für die Gesundheit.[167]

Helmut Greim wurde von einem ehemaligen Staatsanwalt als „Falschgutachter" bezeichnet, der „mit objektiver Wissenschaftlichkeit nichts im Sinn" habe.[168] Auch bei manipulierten Glyphosat-Studien spielte der Toxikologe eine sehr zwielichtige Rolle, so dass es schon mehrfach Anläufe gab, ihm das Bundesverdienstkreuz abzuerkennen. Das Bundesumweltministerium prüfte 2018, „wie man sich zukünftig zu Greims Auszeichnung mit dem Bundesverdienstkreuz positionieren wolle. Die Bundestagsfraktion der Grünen fordert[e] eine Aberkennung der Auszeichnung und [nannte] Greims frühere Tätigkeit als Sachverständiger für den Bundestag ein „Unding"."[169]

Bemerkenswert an der Person Helmut Greim ist nicht seine wissenschaftliche Position. Jeder Wissenschaftler kann jede wissenschaftliche Position vertreten, die er für richtig hält. Interessant daran ist, dass solchen Wissenschaftlern wie Helmut Greim so viel Gehör in der Öffentlichkeit verschafft wird, warum gerade solch einseitig industrienahen Personen in derart viele einflussreiche und häufig lukrative Ausschüsse, Kommissionen und Vereinigungen gehieft werden; warum genau solche Personen das Bundesverdienstkreuz 1. Klasse (2001), den Bayerischen Verdienstorden (2005), das große Bundesverdienstkreuz (2008) und das große Bundesverdienstkreuz mit Stern (2015)[170] bekommen

---

[167] https://de.wikipedia.org/wiki/Helmut_Greim Stand 8.5.2020
[168] Manager Magazin 30.01.2018. Vgl. auch Kreiß/ Siebenbrock 2019, BWL S.118ff.
[169] https://de.wikipedia.org/wiki/Helmut_Greim Stand 9.5.2020
[170] https://de.wikipedia.org/wiki/Helmut_Greim Stand 8.5.2020

und dazu sicherlich viel Geld, obwohl sie ständig wissenschaftlich zweifelhafte Studien veröffentlichen? Was sagt das über unser Land aus? Wie funktioniert bei uns die öffentliche Meinungsmache? Wer sind die Drahtzieher, die solche Personen nach oben befördern? Wer will diese öffentliche Meinung herbeiführen? Warum machen die Medien bei dieser Inszenierung so willig mit? Quo vadis Deutschland?

Tätigkeiten der EUGT

Richtig bekannt wurde die EUGT durch die Affenversuche in den USA, die sie 2014 hat durchführen lassen. Bei diesen Versuchen wurde ganz offen gelogen und die Ergebnisse wurden vorsätzlich manipuliert. Laut New York Times wurden absichtlich falsche Daten produziert. VW gab später auch zu, eine spezielle Software installiert zu haben, <u>um</u> mit den Abgaswerten zu betrügen.[171] Aber im Wesentlichen veröffentlichte die EUGT eine ganze Reihe von Studien, die allesamt die Automobilindustrie in Schutz nahmen. Kernanliegen war es, zu zeigen, dass Autoabgase nicht besonders schlimm sind und der Kauf von Diesel-Autos auch bzw. gerade unter Umweltgesichtspunkten überhaupt kein Problem ist. Im Prinzip war die EUGT ein pseudowissenschaftlicher Marketing-Arm der Autokonzerne.

Unter dem Gesichtspunkt der Manipulation wissenschaftlicher Daten ist vielleicht noch ein kurzer Blick auf die Methoden, wie man vorging, um die „richtigen" Ergebnisse zu bekommen, von Interesse. Besonders schlecht für den Absatz von Diesel-Autos für die Konzerne war die ganze leidige Diskussion um Umweltzonen in Innenstädten, vor allem das Sperren bestimmter Stadtteile für Diesel-Autos. Man musste also „wissenschaftlich" belegen, dass Fahrverbote- oder -einschränkungen nichts bringen. Zu diesem Zweck wurde von drei EUGT-Mitgliedern

---

[171] Vgl. Kreiss/ Siebenbrock 2019, BWL S.118ff.

2013 eine Studie veröffentlicht, die zu dem Ergebnis kam, dass Fahrverbote bzw. Umweltzonen nichts bringen. Auf wikipedia lesen wir zu dieser Studie: „Im März 2013 stellten Morfeld und Spallek die Ergebnisse auf dem 15. Technischen Kongress des VDAs [Verband der Automobilindustrie, der Haupt-Lobbyverband der deutschen Autoindustrie] vor. Zeitgleich veröffentlichte die EUGT eine Pressemitteilung mit der Überschrift: "Kaum Feinstaubreduktion durch Umweltzonen". Das Landesverwaltungsgericht Steiermark lehnte die Einführung einer Umweltzone in Graz ab und begründete die Ablehnung mit der EUGT-Veröffentlichung. Auch der ADAC begründet seine ablehnende Haltung zu Umweltzonen mit der EUGT-Veröffentlichung."[172] Die Studie entfaltete durchaus die von ihr erwünschte und erwartete wirtschaftspolitische Wirkung.

Der gewählte methodische Ansatz war, mit Viertel- bzw. Zehntelwahrheiten zu arbeiten. Die Konzernmitarbeiter pickten einen einzigen Schadstoff (PM10) heraus, für den es eine kaum nachweisbare Reduzierung bei Fahrverboten gibt. Andere, kritischere Schadstoffe (PM 2,5 oder ultrafeine Partikel) ließ man vorsichtshalber weg. Das Umweltbundesamt bemängelte ausdrücklich diese Vorgehensweise.[173] So kann man Ergebnisse manipulieren, ohne direkt zu lügen, denn auch eine Zehntelwahrheit ist eine Wahrheit. Mit anständiger Wissenschaft hat das leider nichts zu tun. 2015 wurde daher mit Recht die Unabhängigkeit der wissenschaftlichen Arbeit des EUGT-Geschäftsführers Michael Spalleks in der *Times* in Frage gestellt.[174]

2013 wurde im EUGT-Magazin Dr. Ulrich Eichhorn zu Dieselabgasen befragt. Ulrich Eichhorn war damals Geschäftsführer Technik und Um-

---

[172] https://de.wikipedia.org/wiki/Michael_Spallek Stand 9.5.2020
[173] Vgl. Kreiss/ Siebenbrock 2019, BWL S.118ff.
[174] https://de.wikipedia.org/wiki/Michael_Spallek Stand 9.5.2020

welt im Verband der Automobilindustrie (VDA) und zugleich Vorstandsmitglied der Forschungsvereinigung Automobiltechnik E.V. (FAT), die dem VDA angehört. Die FAT schreibt über sich selbst: „Die 1971 gegründete FAT fördert die wissenschaftliche Automobilforschung. [...] Die FAT führt diese Forschungen im Bereich der industriellen Gemeinschaftsforschung nicht selbst durch, sondern vergibt hierfür Aufträge an ausgewählte Forschungsinstitutionen (z. B. Hochschulen)."[175] Das ist eines der Einfallstore in die universitäre Forschung, die dadurch, wie oben ausgeführt, strukturell immer abhängiger von Konzerninteressen gemacht wird.

Dr. Ulrich Eichhorn antwortete im Juni 2013 im EUGT-Magazin auf die Frage „für wie problematisch halten Sie die [Diesel-] Abgase?" Folgendes: „Durch die modernen Abgasnachbehandlungsanlagen spielt der Dieselmotor in der umweltpolitischen Diskussion keine Rolle mehr, weil Partikel und Stickstoffdioxid auf ein nahezu homöopathisches Niveau sinken. Man könnte fast sagen, dass ein moderner Diesel in vielen Situationen sozusagen die Luft reinigt."[176]

Also nochmal mit eigenen Worten: Der Dieselmotor ist mittlerweile so sauber, dass die emittierten Schadstoffe ein nahezu homöopathisches Niveau haben – also wissenschaftlich gar nicht mehr nachweisbar sind - und dass ein Dieselmotor die Luft sozusagen fast reinigt statt verschmutzt. Das sind hochinteressante Aussagen.

Dr. Ulrich Eichhorn ist nicht irgendwer. Ab Januar 2012 war er Geschäftsführer des Verbandes der Automobilindustrie (VDA) in Berlin unter Verbandspräsident Matthias Wissmann. Wir lesen bei wikipedia:

---

[175] https://www.forschungsinformationssystem.de/servlet/is/141192/ Stand 9.5.2020
[176] EUGT Kompakt, Newsletter Juni 2013, S.4

„2016 wurde er vom Bundesminister für Verkehr und digitale Infrastruktur Alexander Dobrindt in die Ethikkommission der Bundesregierung für Autonomes Fahren berufen und 2018 in die Nationale Plattform Mobilität der Zukunft."[177] Also die Aussage, ein Dieselmotor emittiere praktisch keinerlei Schadstoffe mehr und reinige sozusagen die Luft fast, anstatt sie zu verschmutzen, befördert einen Menschen direkt in eine Ethikkommission der Bundesregierung. Bei Ethik geht es beispielsweise um Ehrlichkeit und Wahrheit. Es ist interessant, dass man mit solchen Aussagen zum Wahrheitsexperten der Bundesregierung ernannt wird und zwei Jahre später zum Top-Berater der Bundesregierung in Sachen Mobilität der Zukunft avanciert.

Ebenfalls 2016, also kurz nach Auffliegen der Diesel-Sache, stieg Ulrich Einhorn zum Leiter des Konzernbereichs Forschung und Entwicklung bei VW auf. Das ist auch eine bemerkenswerte Entwicklung. Der VW-Konzern gerät in die Schlagzeilen wegen Diesel-Lügen und fast gleichzeitig wird ein Mann F&E-Chef, der sagte, ein Dieselmotor reinige sozusagen fast eher die Luft als sie zu verschmutzen und der Dieselmotor spiele deshalb in der umweltpolitischen Diskussion keine Rolle mehr.

2019 wurde Ulrich Einhorn Vorsitzender der Geschäftsführung bei IAV GmbH, einem laut wikipedia weltweit führenden Engineering-Dienstleister der Automobilindustrie mit über 8000 Mitarbeitern an 22 Standorten und einem Jahresumsatz von über einer Milliarde Euro. Die größten Eigentümer von IAV sind Volkswagen (50%) und Continental (20 %), daneben Schaeffler (10 %) und SABIC (10%).[178]

Übrigens: IAV ist einer der sieben Industriepartner bei <u>Cyber Valley</u>.

---

[177] https://de.wikipedia.org/wiki/Ulrich_Eichhorn Stand 9.5.2020
[178] https://de.wikipedia.org/wiki/IAV Stand 9.5.2020

Der Filz zwischen Politik und Universitätswissenschaftlern: Das Gefälligkeitsgutachten von Februar 2018 für das Verkehrsministerium

Als nach und nach immer mehr haarsträubende Details des Dieselbetruges in die Öffentlichkeit durchsickerten, wurde naheliegenderweise der Ruf nach politischen Maßnahmen laut. Besonders eine Nachrüstung älterer Dieselfahrzeuge mit einem Katalysator wurde lange Zeit stark gefordert und erwogen. Durch eine solche Nachrüstung können erwiesenermaßen deutliche Abgasminderungen bewirkt werden.

Die Interessenlage der Autokonzerne war klar: bloß nicht. Denn eine solche Nachrüstung bei vielen Millionen Fahrzeugen würde für die Hersteller so richtig teuer werden können. Man musste daher aus Konzernsicht darauf hinarbeiten, die Kat-Nachrüst-Idee zu kompromittieren. Das Bundesverkehrsministerium hatte dazu u.a. ein wissenschaftliches Gutachten in Auftrag gegeben, das am 15.Februar 2018 fertiggestellt wurde.[179] Das Gutachten wurde von fünf Universitätsprofessoren erstellt, die insgesamt 10 Diesel-Autos getestet hatten.

---

[179] https://www.bmvi.de/SharedDocs/DE/Anlage/K/hardware-nachruestung-kurzstudie.pdf?__blob=publicationFile Stand 9.5.2020. Der komplette Titel des Gutachtens lautete: „Kurzstudie - Wissenschaftliche Untersuchungen hardwareseitiger NOX-Reduzierungsnachrüstmöglichkeiten im Pkw-Bereich und im Segment der leichten Nutzfahrzeuge; Univ.-Prof. Dr.-Ing. Roland Baar, Univ.-Prof. Dr.-Ing. Michael Bargende, Univ.-Prof. Dr. techn. Christian Beidl, Univ.-Prof. Dr. sc. techn. Thomas Koch, Univ.-Prof. Dr.-Ing. Hermann Rottengruber. Im Auftrag des Bundesministeriums für Verkehr und digitale Infrastruktur, 15. Februar 2018

Die fünf Gutachter kamen zu dem Ergebnis, eine Hardware-Kat-Nachrüstung sei zwar möglich und würde die Abgase auch deutlich reduzieren, sei aber mit mehr als 5000 Euro pro Kat-Einbau einfach zu teuer, eine Nachrüstung sei wirtschaftlich nicht tragfähig. Man solle von politischer Seite einfach abwarten, das Problem löse sich durch Ausscheiden der alten, umweltbelastenden Fahrzeuge über Zeitablauf von ganz alleine. Kurz: die alten Stinker einfach weiterlaufen lassen, nicht die armen Autokonzerne mit unnötigen Kosten belasten. Das klingt wie ein Freibrief für die Autokonzerne und das ist es auch. Konzernunabhängige Untersuchungen, unter anderem vom ADAC, kamen zu ganz anderen Ergebnissen. Sie setzen den Preis für die Kat-Nachrüstung auf 1500 bis 3000 Euro an. [180]

Die Gutachter wurden laut Verkehrsministerium wegen ihrer besonderen Fachkenntnisse ausgewählt. Sie sollten die Studie „vertragsgemäß [...] unparteiisch und weisungsfrei" erstellen. Die fünf Universitätsprofessoren arbeiten alle seit Jahren eng mit den Autokonzernen zusammen und sind finanziell davon teilweise abhängig.[181] Auf diese Kooperationen und Abhängigkeiten und den damit vorliegenden Interessenkonflikt der fünf Gutachter wird in der Studie mit keinem Wort hingewiesen. Das widerspricht allen wissenschaftlichen Ethikgrundsätzen. Nach den Wissenschaftskriterien der führenden deutschen Wissenschaftsgesellschaft, der DFG, hätten meiner Einschätzung nach die fünf Gutachter wegen Befangenheit kein solches Gutachten erstellen dürfen. Meiner Meinung nach handelt es sich bei dieser Stellungnahme um ein Gefälligkeitsgutachten.

Die Person Thomas Koch

---

[180] Vgl. Kreiß/ Siebenbrock 2019, BWL S.118ff.
[181] Vgl. Kreiß/ Siebenbrock 2019, BWL S.118ff.

Einer der fünf dieselfreundlichen Autoren des eben erwähnten Gutachtens war Prof. Dr. Thomas Koch, „Leiter des Instituts für Kolbenmaschinen am Karlsruher Institut für Technologie (KIT) und verantwortlich für die verbrennungsmotorischen Belange in den Bereichen Forschung, Lehre und Innovation."[182] Davor war er 10 Jahre bei Daimler beschäftigt. Sein Institut finanzierte sich im Jahr 2018 zu circa 15 Prozent durch Drittmittel aus der Industrie. Außerdem war es 2019 an drei Projekten beteiligt, deren Partner AVL List GmbH, (ein großer österreichischer Automobilzulieferer), Ford, Shell, BMW, Porsche, Audi und Volkswagen waren. Also für den Fall, dass das Institut von Hr. Koch mit industriekritischen Forschungsergebnissen auffiele, würden vermutlich doch einige Aufträge wegbrechen.[183]

Diese Sorge scheint jedoch unbegründet. Thomas Koch fällt nicht nur in dem Gutachten für den Verkehrsminister von 2018 als sehr industriefreundlich auf, sondern auch in vielen anderen Äußerungen, beispielsweise in der Debatte um die Feinstaub-Grenzwerte, die von dem Lungenarzt Dieter Köhler Anfang 2019 durch einen Brief an alle knapp 4.000 Lungenärzte Deutschlands losgetreten worden war. Mitinitiator dieser umstrittenen Aktion, die die Gesundheitsrisiken von Autoabgasen verharmloste, war Thomas Koch, obwohl er gar kein Lungenarzt war. Dass zwei der vier Initiatoren keine Ärzte, sondern der Autoindustrie nahestehende Ingenieure waren, wurde in dem ursprünglichen Brief an alle deutschen Lungenärzte verschwiegen und erst später ins Internet gestellt.

Ein anderes Beispiel: Thomas Koch hob einmal hervor, „dass ein Fahrrad durch seinen Felgenverschleiß beim Bremsen drei bis vier Mil-

---

[182] Vgl. Kreiß/ Siebenbrock 2019, BWL S.118ff.
[183] Vgl. Kreiß/ Siebenbrock 2019, BWL S.118ff.

ligramm Metalloxide pro Kilometer abgebe, während der Partikelausstoß aus dem Auspuff eines Diesels bei 0,2 bis 0,5 Milligramm läge".[184] Halten wir kurz inne. Was will uns diese Botschaft sagen? Fahrräder geben also etwa 10 Mal so viele Schadstoffe ab wie ein Dieselauspuff?

Der Berliner Arzt, der diese Aussage von Thomas Koch zitiert, fährt fort: „Hier werden völlig unterschiedliche Dinge verglichen. Selbstverständlich erzeugt ein Auto beim Bremsen auch (zusätzliche) Partikelemissionen, deren Ausmaß man mit den Emissionen eines Fahrrads zum Beispiel im Hinblick auf Partikelzahl, Masse und stoffliche Zusammensetzung vergleichen könnte. Es dürften kaum Zweifel bestehen, dass ein „fairer" Vergleich angesichts der ca. 15-fach höheren Betriebsmasse und höheren Geschwindigkeiten für das Auto unvorteilhaft ausfallen dürfte."[185]

Dieser Vergleich mit den Fahrrädern ist so absurd, dass ihn eigentlich jeder durchschauen dürfte. Aber er sagt doch viel über die Absicht aus, mit der Thomas Koch argumentiert. Der Arzt, der diese und andere Aussagen von Thomas Koch im renommierten deutschen Ärzteblatt zitiert, kommt zu dem Ergebnis: Es „scheinen die Positionen von Prof. Koch auf eine Bagatellisierung der Schadstoffbelastung und unverhohlene Absatzförderung der Automobilindustrie hinauszulaufen."[186] Damit dürfte er den Nagel auf den Kopf treffen.

Mein Email-Wechsel mit Thomas Koch

---

[184] https://www.aerzteblatt.de/archiv/197618/Dieselmotoremissionen-Bagatellisiert Stand 9.5.2020
[185] https://www.aerzteblatt.de/archiv/197618/Dieselmotoremissionen-Bagatellisiert Stand 9.5.2020
[186] https://www.aerzteblatt.de/archiv/197618/Dieselmotoremissionen-Bagatellisiert Stand 9.5.2020

In einem Essay, der im Februar 2019 in der Wirtschaftswoche erschien, schrieb ich, dass das oben erwähnte Gutachten für das Verkehrsministerium von 2018 „meines Erachtens ein reines „Gefälligkeitsgutachten"" darstelle und „einer der fünf Gutachter, der Ingenieur
Thomas Koch, auch einer der vier Hauptinitiatoren der Lungenarzt-De-
batte" sei.[187]

Am 13.Februar 2019 erhielt ich daraufhin folgende Email von Herrn
Koch (ungekürzt):

Betreff: Ihre Ausführungen in der Wirtschaftswoche

„Sehr geehrter Herr Kreiss,

mit Ihren Ausführungen in der Wirtschaftswoche (siehe Anhang) haben Sie den Bogen überspannt. Ich setze Ihnen eine Frist bis zum
19.02.2019 um 18.00 Uhr, um folgenden Sachverhalt zu erläutern. Sie
behaupten, dass Autolobbyisten das Positionspapier der Lungenärzte
geschrieben haben. Bitte belegen Sie diese Aussage. Die Tatsache, dass
an einem großen Universitätsinstitut mit über 70 verschiedenen Finan-
zierungstöpfen in den letzten Jahren auch Forschungsvorhaben mit einzelnen Firmen der Automobilindustrie getätigt wurden, rechtfertigt
diese Aussage nicht ansatzweise. Ebenfalls behaupten Sie, das Gutachten zur Nachrüstung sei ein Gefälligkeitsgutachten, Sie formulieren bewusst derart, dass der Eindruck eines gekauften Gutachtens entsteht
und provozieren bewusst den Anschein der nicht sachgetriebenen Analyse! Zum guten wissenschaftlichen Stil, den Sie ja propagieren, aber
den Sie selber nicht beherrschen, hätte es gehört, erst einmal die Rand-
bedingungen der Beauftragung zu evaluieren.

---

[187] Wirtschaftswoche 8.Feb. 2019

Im Übrigen bitte ich Sie um Erläuterung, weshalb Sie nicht erwähnt haben, dass der größte und seriöseste Nachrüster HJS die Kostenschätzung von 5000€ sogar „nur für rentable große" Stückzahlen bestätigt hat und von einer dramatischen technischen Herausforderung spricht und das Gutachten bestätigt? Sollte Ihnen dies nicht bekannt sein, erwarte ich Ihre Stellungnahme, weshalb Sie in der Öffentlichkeit über einen Sachverhalt referieren, den Sie nicht ansatzweise in seiner Komplexität durchdringen. Bedauerlicherweise schrecken Sie in Ihrem Eifer nicht vor Rufschädigungen in der Öffentlichkeit zurück.

Hochachtungsvoll

Thomas Koch

Nach einer kurzen, beschwichtigenden Email von mir am 14.2.2019 antwortete ich u.a. nach Rücksprache mit Axel Friedrich am 15.02.2019, dass ich „nach reiflichem Überlegen [...] von einer Erläuterung doch Abstand nehmen" möchte.

Darauf bat mich Herr Koch am 15.2.2019 nochmals eindringlich um Beachtung der Fristsetzung, was ich per Email ablehnte. Ich ließ die Frist verstreichen und war bereit, einer Klage entgegenzugehen, da Herr Koch meiner Einschätzung nach schlechte Aussichten auf Erfolg hatte. Denn meine Aussagen waren gründlich recherchiert und korrekt. Es kam keine Klage.

Die Diesel-Affäre und das Sechs-Schritte-Schema ins Verderben

Die Vorgehensweise der Automobilkonzerne in der Dieselforschung folgte geradezu mustergültig dem alten, bewährten Rezept aus der Tabakindustrie.

1. <u>Auswahl besonders vielversprechender, industrienaher (Nachwuchs-) Wissenschaftler:</u> In diesem Zusammenhang besonders interessant sind die in den letzten Jahren sprunghaft angestiegenen Kooperationen von Automobilunternehmen mit Universitäten bei Doktorarbeiten. Dazu kommen zahllose Master- und Bachelorarbeiten. Allein Audi finanzierte bereits 2012 130 Doktoranden an deutschen Universitäten. Das hat nichts mit Korruption oder unethischem Verhalten zu tun. Junge, vielversprechende Nachwuchswissenschaftler beschäftigen sich einfach mit Fragestellungen rund ums Auto. So verschafft man sich als Automobilhersteller schon frühzeitig ein optimales Rekrutierungsfeld und lenkt frühzeitig die Forschung in Fragestellungen im Sinne der Automobilindustrie.

Zur Erinnerung die Frage, was daran problematisch sein kann? Wer beschäftigt sich mit den nachteiligen Folgen des Autoverkehrs? Durch die zunehmenden Industriekooperationen verschiebt sich das Kräfteverhältnis in der Hochschulforschung zugunsten industrienaher Themen. Demgegenüber tritt Forschung über Umwelt, Soziales und so weiter immer mehr in den Hintergrund, nach dem Motto „Weß' Brot ich ess, dess Lied ich sing".

2. <u>Fördern der besonders industrienahen Forscher:</u> Es gibt heute eine Unmenge von Kooperationen an Hochschul-Instituten und -Laboren mit den großen Autoherstellern. Entsprechende Forschungseinrichtungen in Kooperation mit BUND, Greenpeace, attac, VCD und ähnlichen sucht man vergeblich. Denn denen fehlt leider das nötige Geld. Die Ergebnisse der industriefinanzierten Forschung fließen über ständige wissenschaftliche Publikationen systematisch in die öffentliche Meinung ein und erzeugen dadurch eine gewisse wohlwollende Grundhaltung gegenüber der Automobilbranche.

3. <u>Maximale Intransparenz herstellen und/ oder Geheimhalten der Verbindungen zur Industrie:</u> Nicht nur bei den Forschungsaktivitäten

der EUGT wurde versucht, maximale Intransparenz herzustellen, sondern auch die zahllosen Lehrstühle, die heute mit der Autoindustrie an Universitäten kooperieren, veröffentlichen m.W. praktisch <u>alle nicht</u> die Kooperationsverträge.

4. <u>Gewünschte Ergebnisse sicherstellen:</u> Das wirksamste Prinzip, nach dem der absolute Großteil von manipulierter Forschung stattfindet, ist das Prinzip der Viertel- oder Zehntelwahrheiten, das sowohl von der EUGT wie von den Autokonzernen in größtmöglichem Ausmaß angewandt wurde. Zur Erinnerung: Man pickt sich einen Teilbereich heraus, der für die Fragestellung besonders günstig ist, publiziert nur die Ergebnisse für diesen einen Teilbereich und verallgemeinert dann die Resultate. Solche Studien kann man nicht widerlegen, denn auch eine Zehntelwahrheit ist eine Wahrheit. Aber diese Methode, die beispielsweise in der Pharmaindustrie geradezu der Normalfall ist, ist selbstverständlich absolut unseriös und natürlich absolut unehrlich, ist Betrug an wirklicher Wissenschaft.

Das Manipulieren der Daten und das Hervorheben von Zehntelwahrheiten hat im Falle der Dieselabgase aber nicht mehr ausgereicht. Man musste die Daten einfach fälschen, um gesetzliche Vorgaben zu erfüllen. Sonst hätte ein Absatzdebakel eingesetzt. Das Fälschen der Dieseldaten ging ja über viele Jahre gut. Trotzdem zeigt der Dieselskandal beeindruckend, dass das Fälschen von Daten und Lügen einfach gefährlich sein kann und wirklich nur als Ultima Ratio angewendet werden sollte, wenn nichts Anderes mehr geht. Es kam ja auch ausnahmsweise zu hohen Strafzahlungen, vor allem im Ausland, wenn auch erst mit fast 10 Jahren Verspätung. Normalerweise sind empfindliche Sanktionen aber wegen der schieren Konzernmacht und der starken Verfilzung mit der Politik sehr unwahrscheinlich. Dauerhafte Rufschäden sind in der Regel für die Konzerne erst recht nicht zu befürchten.[188] Das Gedächtnis der Kunden und der Regierungen ist erfahrungsgemäß sehr kurz.

Die Übergänge vom Verbiegen der Ergebnisse zum Fälschen sind fließend. Manchmal werden die Ergebnisse so stark gebogen und manipuliert, dass es eigentlich schon handfeste Fälschungen sind. Die EUGT hat offensichtlich beides gemacht: gebogen und gefälscht. Aber auch viele andere industrienahe Forschungsinstitute arbeiten heute nach dieser Methode.

5. <u>Confounder einführen und Fehlfährten legen:</u> Biologische Prozesse in Lebewesen sind äußerst komplex. Da es praktisch immer eine große Vielzahl von beeinflussenden Faktoren gibt, sind einfache, monokausale Zusammenhänge sehr schwierig nachzuweisen, gerade wenn es um Gesundheit oder Krankheit geht. Wer weiß schon genau, ob es nun wirklich das Stickoxid ist, das unsere Kinder in der Innenstadt husten lässt? Und so versuchen die autofreundlichen Wissenschaftler, ob sie nun in Universitäten sitzen, in der EUGT oder in den Autokonzernen selbst, die Aufmerksamkeit beispielsweise auf Heizungsemissionen in den Innenstädten zu lenken. Oder auf Felgenverschleiß von Fahrrädern, die beim Bremsen drei bis vier Milligramm Metalloxide abgeben, „während der Partikelausstoß aus dem Auspuff eines Diesels bei 0,2 bis 0,5 Milligramm" liege.[189] Diese bereits weiter oben zitierte Aussage von Thomas Koch ist ein wunderbares Beispiel für einen echten confounder, einen echten Verwirrfaktor. Das stiftet wirklich Verwirrung. Und das <u>soll</u> es meines Erachtens auch.

---

[188] Vgl. Kreiß/ Siebenbrock 2019, BWL S.170ff.
[189] https://www.aerzteblatt.de/archiv/197618/Dieselmotoremissionen-Bagatellisiert Stand 9.5.2020

6. <u>Verzögern politischer Gegenmaßnahmen, Paralyse durch Analyse:</u> Besonders wichtig war im Falle der Dieselemissionen, auf Zeit zu spielen, Zeit zu schinden, bis man über neue Diesel-Motormodelle die Grenzwerte tatsächlich unterschreitet, nicht nur betrugsweise auf den Prüfständen. Insbesondere galt es, die für die Autohersteller sehr teuren Kat-Nachrüstungen zu verhindern. Allein über Zeitablauf, dadurch, dass einfach alte Diesel-Stinker langsam von den Straßen genommen werden und die neuern Modelle weit weniger Schadstoffe emittieren, würde sich das Kat-Problem ja alleine erledigen. Also Hinhalten war angesagt, jeder Tag Verzögerung brachte Millionen Euro Ertrag. Dazu kommt: Grundsätzlich ist es für die Autokonzerne natürlich immer sinnvoll, strengere Gesetze mit strengeren Grenzwerten, die unsere Kinder gesünder machen würden, zu verhindern oder zumindest hinauszuzögern. Also gerade die Strategie Paralyse durch Analyse bringt den Autoherstellern Milliarden und wurde (und wird) massiv eingesetzt.

So überrascht es wenig, dass die EUGT alles unternahm, um neutrale und unabhängige Ergebnisse über die Schädlichkeit von Abgasen über Gegenstudien in Zweifel zu ziehen. Durch das Schüren einer (scheinbaren) wissenschaftlichen Skepsis, durch das bewusste Hervorrufen von stark widersprüchlichen Aussagen sorgte man für eine allgemeine Verunsicherung. Solange keine „eindeutigen" wissenschaftlichen Analysen mit abschließenden Ergebnissen vorliegen, können Behörden oder Politiker ja schwerlich Gegenmaßnahmen ergreifen. So werden bis heute wirkungsvolle Gesetze wie dieselfreie Innenstädte, Citymaut, PS-Steuer, niedrigeres Tempolimit und so weiter erfolgreich verhindert.

Individuell unbescholtene Wissenschaftler und Forscher

Durch das hier beschriebene, häufig angewandte Schema soll nicht die Arbeit zahlloser Forscher in der Industrie oder in Hochschulkooperationen mit der Industrie allgemein diskreditiert werden. Es handelt sich <u>nicht</u> um einen Generalverdacht gegenüber solchen meist hingebungsvoll und voll Idealismus tätigen Forschern. Ich kritisiere ausschließlich, dass viele ehrlich und mühevoll erarbeitete Forschungs- und Entwicklungsergebnisse unter das Primat der Gewinnerzielung gestellt und dadurch zu Absatz- und PR-Zwecken instrumentalisiert werden. Das widerspricht der freien Wissenschaft.

20 BWL-Stiftungsprofessuren für die TU München – Lidl schreibt Hochschulgeschichte[190]

Am 1.Oktober 2018 wurden die beiden ersten Master-Studiengänge „Management" und „Management & Innovation" in Heilbronn angeboten, einer neuen Niederlassung der Technischen Universität (TU) München. Ermöglicht haben dies üppige Geldströme in Höhe von wohl weit über 100 Millionen Euro der gemeinnützigen Dieter Schwarz Stiftung, der Muttergesellschaft u.a. von Lidl und Kaufland. Das ist aber erst der Anfang. Die Dieter Schwarz Stiftung schenkt der TU München insgesamt 20 BWL-Professuren. Das ist einzigartig: Es ist der größte Geldstrom privater Mittel an Universitäten in der jüngeren deutschen Geschichte. Klingt das nicht wunderbar? Ist es nicht großartig, wenn private Mäzene die Wissenschaft fördern?

Stiftung als Steuersparmodell

Zunächst trübte ein kleiner Wermutstropfen die Vorfreude: Das am 7.2.2018 unterschriebene „umfangreiche Vertragswerk über eine der bedeutendsten Stiftungen in der deutschen Hochschulgeschichte" blieb geheim.[191] Transparenz ist leider nicht vorgesehen. Die TU München antwortete zu einer Anfrage von mir auf Einsichtnahme in das Vertrags-

---

[190] Die Ausführungen zu den 20 BWL-Stiftungsprofessuren erschienen in leicht veränderter Form im September 2018 in DDS (Die deutsche Schule), der Zeitschrift der Gewerkschaft Erziehung und Wissenschaft Landesverband Bayern, S. 8-9

[191] Gemeinsame Pressemitteilung v. 7.2.2018: Pressemitteilung TUM-Campus Heilbronn https://www.tum.de/die-tum/aktuelles/pressemitteilungen/detail/article/34470/

werk: „Danke für Ihre Anfrage, aber Kooperations- oder Stiftungsverträge sind bei uns grundsätzlich nicht einsehbar".[192] Auch die Dieter Schwarz Stiftung gab keine Auskunft.

Als zweites kann man sich die Frage stellen: Woher genau kommen die Mittel? Laut ver.di übertrug der Eigentümer von Lidl und Kaufland, Dieter Schwarz, die Unternehmensanteile vor einigen Jahren „steuersparend in die gemeinnützige Dieter-Schwarz-Stiftung".[193]

Normalerweise läuft die öffentliche Bildungsfinanzierung so: Gewinne bzw. die Einkommen bei Beziehern hoher Unternehmensgewinne führen zu Steuerzahlungen an die öffentliche Hand. Demokratisch gewählte Politiker entscheiden, wieviel davon in die Wissenschaft fließen soll. Die unabhängige Selbstverwaltung der über 400 freien Universitäten und Hochschulen entscheidet, in welche Fakultäten, in welche Forschungsfelder und Professuren das Geld fließt, so dass den gesellschaftlich wichtigsten wissenschaftlichen Fragen im Land nachgegangen werden kann.

Im Falle der Kooperation TU München – Dieter Schwarz Stiftung läuft es aber teilweise gerade anders herum. Die Steuern an die öffentliche Hand werden über die Stiftungskonstruktion offenbar „optimiert". Der private Geldgeber entscheidet direkt, welche Fakultäten und Lehrstühle im Lande geschaffen werden. Den Umweg über die Demokratie kann man sich dadurch teilweise schenken.

---

[192] Email v. 29.6.18 von TU München an den Autor; Email v. 2.7.18 von der Dieter Schwarz Stiftung an den Autor
[193] https://handel-nrw.verdi.de/einzelhandel/konzern-und-unternehmensdaten/++co++c407d03e-2667-11e6-8181-52540066e5a9 Stand 10.5.2020

Wer bestimmt die Inhalte?

Weiterhin stellt sich die Frage, worüber mit den über 100 Millionen Euro Stiftungsgeldern denn geforscht und gelehrt wird? Welche Lehrstühle werden vom privaten Geldsegen begünstigt? Und wie frei kann die geförderte Universität darüber entscheiden? Hier widersprechen sich die Angaben. Das ist kein Wunder, da das Vertragswerk ja geheim gehalten wird. Einerseits heißt es in der offiziellen Pressemitteilung: „Die Stiftung der 20 Professuren ist an keinerlei Auflagen gebunden (...) Weder die Ausrichtung noch die Berufungen und Lehrinhalte werden durch die Stiftung im Geringsten beeinflusst. Auch die Forschungsinhalte sind in der individuell freien Entscheidung der Professorenschaft (Art. 5, Abs. 3 GG)".[194] Andererseits heißt es in derselben Pressemitteilung: „Den thematischen Horizont bildet der Wandel durch Digitalisierung, Familienunternehmen und Unternehmensgründungen". Da stellt sich die Frage: Wer hat nun die Forschungsfelder festgelegt, die TU München oder die Stiftung oder einfach beide gemeinsam?

Und so mutmaßen die Journalisten beispielsweise der Süddeutschen Zeitung: „Die Grundthemen der TU-Außenstelle hat allerdings schon die Stiftung vorgegeben"[195] bzw. „die Forschungsfelder lege man mit der Stiftung gemeinsam fest".[196] Nun, ganz unbeteiligt scheint die Stiftung bei der Themenauswahl jedenfalls nicht gewesen zu sein. Soviel ist sicher: Es handelt sich um 20 Betriebswirtschafts-Professuren. Eine Vorgabe, welche Fakultät zu wählen ist, hat es offenbar gegeben.

---

[194] Gemeinsame Pressemitteilung v. 7.2.2018: Pressemitteilung TUM-Campus Heilbronn
[195] SZ vom 7.2.2018
[196] SZ vom 9.1.2018

Als nächstes könnte man fragen, mit welchen Themen sich die künftigen Inhaber der Lidl-Stiftungsprofessuren wohl beschäftigen werden und mit welchen vermutlich nicht? Darüber kann man selbstverständlich nur mutmaßen: Welchen Stellenwert in Forschung und Lehre werden Themen wie Fairtrade, Klimawandel, faire Arbeitsbedingungen bei Discountern oder Gemeinwohlökonomie haben? Wie stark beschäftigt man sich mit der Einkaufsmacht gegenüber Landwirten, mit dem Milch- oder Eierpreisdiktat, Fipronil, mit den Chancen der Öko-Landwirtschaft und so weiter? Was ist mit der zunehmenden Fehlernährung vieler Menschen, die durch Discounter und ihr Marketing forciert wird und den ganzen gesellschaftlichen Folgekosten?

2006 skandalisierte eine Kampagne von attac inakzeptable Arbeitsbedingungen bei Lidl, Preisdumping bei Milch, Menschenrechtsverletzungen und Umweltzerstörung bei Lidl-Lieferanten. Lidl stehe „europaweit für Umwelt-, Sozial- und Preisdumping (...) wie kaum ein anderer (Konzern). Durch das Zusammenspiel von Marktmacht und rücksichtsloser Kostensenkung ist Lidl zum Negativ-Trendsetter für die gesamte Einzelhandelsbranche geworden".[197] Auch wenn sich seit 2006 Einiges gebessert hat: Die negativen Medienberichte zu den Themen Arbeitsbedingungen[198] und Umweltschutz[199] gab es auch in jüngerer Zeit noch.

---

[197] attac.de/archive/lidl Stand August 2018

[198] huffingtonpost.de/2016/08/20/discounter-mobbing-manager; Ex-Lidl-Manager packt über Schikanen und Tricks bei Discountern aus 20.8.2016; Focus money online: https://www.focus.de/finanzen/news/unternehmen/kultur-der-angst-schwere-vorwuerfe-gegen-discounter-lidl-soll-mitarbeiter-systematisch-einschuechtern_id_4877021.html „Kultur der Angst" Schwere Vorwürfe gegen Discounter: Lidl soll Mitarbeiter systematisch einschüchtern dpa/ Jens Kalaene Einige Mitarbeiter prangern den Konzern Lidl an, 13.08.2015

[199] UmweltDialog 14.06.2017 Lidl doch nicht so nachhaltig?

Personalauswahl muss passen

Welche konkreten wissenschaftlichen Fragen angegangen werden, liegt selbstverständlich im freien Ermessen der jeweils berufenen Wissenschaftler. Wichtig ist, wer sich auf die zahlreichen Stellenausschreibungen der BWL-Stiftungsprofessuren bewirbt. Die Erfahrung lehrt, dass sich häufig bei den Sponsoren wohlwollende Kandidaten bewerben. Auf industriegesponserten Lehrstühlen landen im Regelfall industrienahe Wissenschaftler.[200] Eine Kontrolle der berufenen Wissenschaftler ist dann im Normalfall nicht nötig. Daran ändert auch ein tadelloser, umfangreicher Code oft Conduct der TU München nichts.

Der Schweizer Jurist Markus Müller schrieb zur subtilen Einflussnahme auf die Auswahl der Bewerber und die Forschungsergebnisse 2014 folgende gut beobachtete Struktur:

„Es bedarf nicht zwingend einer direkten und unverblümten Einflussnahme des Geldgebers auf die Forschungsresultate, damit ein Problem für die Unabhängigkeit entsteht. Eine Beeinflussung geschieht häufig subtiler, unterschwellig und manchmal gar völlig unwillkürlich. Forscher, die eng mit der Industrie zusammenarbeiten, sind gemäß psychologischen Studien ganz generell anfälliger für Gefälligkeitsgutachten. So hat sich etwa gezeigt, dass privat finanzierte Forschung häufig im Sinne des Sponsors ausfällt, selbst wenn den Forschern absolut keine Auflagen gemacht wurden. Beteuerungen der betroffenen Forschenden, sie seien unabhängig, können, so ernst und ehrlich sie gemeint sein mögen, keine Rolle spielen. Denn sie sind psychologisch gar nicht in der Lage, selber zu beurteilen, ob und wenn ja wie stark sie innerlich (un)abhängig sind; ihre Parteilichkeit, ja die Kontextabhängigkeit jeder Wissensproduktion, ist ihnen meistens gar nicht bewusst. Vielmehr besteht

---

[200] Vgl. Kreiß 2015, Gekaufte Forschung

die Gefahr, dass sie einer «klassischen» Selbstüberschätzung (Overconfidence) oder einer sog. selbstwertdienlichen Verzerrung der Selbstwahrnehmung (self-serving bias) unterliegen. Und nicht zuletzt ist auch die Vorstellung, wonach der selbstbestimmte, vernunftbegabte Forscher – gibt er sich etwas Mühe – selber aus eigener Kraft die «Unabhängigkeit» bewahren kann, als Mythos längst entlarvt. Bekanntlich kann sich niemand selber an den Haaren aus dem Sumpf ziehen.

Jedem privat finanzierten Lehrstuhl(-inhaber) haftet mithin mehr oder weniger der Makel an, seine Forschungserkenntnisse könnten vom Geldgeber (zumindest unbewusst) beeinflusst sein. […] Auch Beteuerungen der Geldgeber, keinen direkten Einfluss auf die Besetzung von Lehrstühlen, auf deren Forschungsagenda, auf die Forschungsergebnisse usw. nehmen zu wollen, können da nicht weiterhelfen. Selbst wenn diese Absicht vertraglich explizit verbrieft und die vollständige Offenlegung der Vereinbarung gewährleistet sein sollte, bleiben Zweifel bestehen: Denn Beeinflussungen erfolgen wie gesagt häufig subtil und unbewusst; durch Vertragsklauseln lassen sie sich nicht ausschließen. Papier nimmt bekanntlich alles an. Schließlich und endlich führt auch eine Ergebniskontrolle nicht wirklich weiter. Denn gute und schlechte Wissenschaft bestimmt sich nicht nach dem Ergebnis, sondern nach der methodischen Sauberkeit. Und gerade diese methodische Sauberkeit ist es, die hier im Zweifel steht."[201]

Wollen wir eine Hochschullandschaft, deren Ausrichtung zunehmend von privaten oder industriellen Interessen beeinflusst wird? Wie würde die Öffentlichkeit auf 20 Coca-Cola-Lehrstühle für Ernährungskunde oder auf 20 Marlboro-Professuren für Marketing reagieren? Da springt der Interessenskonflikt unmittelbar ins Auge. Aber im Grunde ist es bei den 20 BWL-Lidl-Stiftungsprofessuren nicht so viel anders.

---

[201] Müller, Bern 2014

Mit Blick auf die derzeit in Deutschland bestehenden weit über 1.000 Konzern-Stiftungsprofessuren kann man sich fragen: Haben wir eine Balance of Power bei den Stiftungsprofessuren, ein Macht- bzw. Beeinflussungsgleichgewicht? Gibt es ein Gegengewicht zu industrienahen Lehrstühlen? Wie viele Gewerkschafts-, Greenpeace-, BUND- oder attac-Stiftungsprofessuren haben wir in Deutschland?

Selbstverwaltung versus Sponsoring

Der Verhaltensökonom und Nobelpreisträger Daniel Kahneman zeigt beeindruckend, dass sich die subtile Einflussnahme auf Studierende an den Hochschulen für Konzerne lohnt: Sponsoring bringt einen hohen Return on Investment (ROI), eine hohe Rendite auf das eingesetzte Kapital.[202]

Wer soll entscheiden, was und worüber in unserem Land geforscht und gelehrt wird, welche Professuren eingerichtet werden? Wer soll über unsere Bildungsinhalte bestimmen? Sollen darüber freie, unabhängige Forscher, aktiv unterrichtende Lehrkräfte bzw. die unabhängige Selbstverwaltung der Hochschulen bestimmen oder wohlhabende private Geldgeber oder Konzerne? Zur Erinnerung: Wenn sich bei Konzernen die Frage stellt: Gewinn oder Wahrheit? zieht häufig die Wahrheit den Kürzeren, wie der Diesel-Skandal beeindruckend zeigt. Wollen wir dieses Grundprinzip auch an unseren Hochschulen? Diese Kernfrage bringt das folgende Bild von Transparency International gut auf den Punkt (ein Bild sagt oft mehr als 1.000 Worte)[203]:

---

[202] Vgl. Kahneman 2011
[203] Bildrechte von Transparency International freigegeben

Die verfassungswidrige Kooperation zwischen der Universität Mainz und der Boehringer Ingelheim Stiftung

„Im Ergebnis lässt sich festhalten, dass die Kooperationsvereinbarungen der Universität mit der Stiftung im Falle des IMB das Grundrecht der Wissenschaftsfreiheit (Art. 5 Abs. 3 Satz 1 GG) verletzt haben.“
Rechtsgutachten Prof. Dr. Gärditz

Der Auslöser: Eine Masterarbeit

2014 untersuchte eine Studentin des von mir geleiteten Masterstudiengangs Industrial Management im Rahmen einer von mir betreuten Masterthesis zum Thema „Verflechtungen der Wirtschaft mit der deutschen Hochschullandschaft" unter anderem die Zusammenarbeit von Boehringer Ingelheim mit der Johannes Gutenberg-Universität (JGU) Mainz. Im Rahmen der Thesis schrieb sie die Kanzlerin der Uni Mainz an und bat um Einsichtnahme in die Verträge nach dem Landesinformationsfreiheitsgesetz (LIFG). Nach langem Hinhalten und Hinweis auf Überschreiten der gesetzlichen Frist durch die Studentin verweigerte die Uni Mainz schließlich nach sieben Wochen die Einsichtnahme in die Verträge. Daraufhin wandte sich die hartnäckige Studentin an den Landesbeauftragten für Datenschutz und die Informationsfreiheit von Rheinland-Pfalz. Der Landesbeauftrage unterstützte das Anliegen auf Einsichtnahme und es entspann sich ein harter juristischer Briefwechsel zwischen der Kanzlerin der JGU und dem Landesbeauftragten.

In der Masterthesis heißt es dazu: „Die Anfrage wurde von der Kanzlerin der Universität Mainz zunächst mit folgender Begründung abgelehnt: „Bei den hier in Rede stehenden Dokumenten handelt es sich um Unterlagen, die nicht dem Anwendungsbereich des LIFG unterfallen." Denn es handele sich hierbei nicht um Verwaltungsaufgaben, welche dem LIFG unterlägen, sondern um Forschung und Lehre und damit um „grundrechtlich geschützte Bereiche". Auch nach einem Einwirken des Landesbeauftragten für den Datenschutz und die Informationsfreiheit Rheinland-Pfalz Edgar Wagner, war die Kanzlerin der JGU nicht bereit, Einsicht in Verträge zwischen der JGU bzw. dem IMB und Boehringer Ingelheim zu gewähren."

Die Studentin zog daraus den Schluss: „Dies lässt vermuten, dass entweder Verträge zwischen den beiden Partnern eventuell <u>nicht juristisch korrekt</u> bzw. <u>zum Nachteil der JGU</u> abgeschlossen wurden <u>oder die Forschung an der JGU bzw. am IMB wesentlich von Boehringer Ingelheim gesteuert wird</u>. Beide Fälle wären sowohl für die Kanzlerin als auch für die JGU äußerst unangenehm, wenn nicht sogar <u>schädigend für deren Reputation</u> und eventuell sogar <u>rechtlich anzweifelbar</u>. Die entsprechenden Schreiben finden sich im Anhang dieser Thesis. Als weiterer Schritt wäre ein Widerruf sowie letzten Endes eine Klage gegen die JGU denkbar."[204]

Mit ihren Analysen und Vermutungen sollte die Studentin nur Recht behalten. Die Masterthesis löste eine kleine Lawine aus. Durch den Schlusssatz und einen Emailwechsel mit dem Landesbeauftragten wurde ich auf den Gedanken gebracht, zum ersten Mal in meinem Leben zu klagen. Nicht nur ich kam auf diesen Gedanken, sondern auch der investigative Journalist Thomas Leif klagte ganz unabhängig davon

---

[204] Masterthesis vom 16.1.2015. Hervorhebungen CK. Die Studentin will nicht namentlich genannt werden.

auf Einsicht in die Kooperationsverträge. Mit Erfolg. Die Verträge mussten schließlich durch ein Gerichtsurteil nach LIFG offengelegt werden. Das ganze Hinhalten der Studentin und anderer Anfragen war nicht rechtens gewesen.

Ich habe diese kurze Einleitung in das Buch aufgenommen, um zu zeigen, dass unabhängige, hochschulinterne Abschlussarbeiten wichtig sind. Die allermeisten unserer Absolventen schreiben ihre Abschlussarbeiten, sowohl Bachelor- wie Masterarbeiten, in Unternehmen und bearbeiten darin Fragestellungen der Unternehmen. Ich weigere mich seit langem, solche Arbeiten zu betreuen. Bei unternehmensinternen Arbeiten können keine Fragen bearbeitet werden, die dem Unternehmensinteresse widerstreben. Von daher können hier nur strukturell einseitige unternehmensfreundliche Arbeiten entstehen. Das ist als Solches kein Problem. Ich halte aber die große Anzahl solcher Abschlussarbeiten – ich schätze, dass die große Mehrzahl der Abschlussarbeiten an deutschen Hochschulen für angewandte Wissenschaften industrieinterne Arbeiten sind - für eine Fehlentwicklung, denn wir haben hier keine Ausgewogenheit mehr, sondern eine starke Einseitigkeit. Gesellschaftlich relevante, freie, offene, kritische Fragen werden dadurch zu einem kleinen Forschungsrinnsal degradiert. Ich glaube nicht, dass das der Auftrag unserers öffentlich-rechtlichen Hochschulen ist.

Hintergrund

2009 erhielt die Johannes Gutenberg-Universität (JGU) Mainz eine Spende über 100 Mio. Euro von der Boehringer Ingelheim Stiftung für die Gründung und den Forschungsbetrieb des Instituts für Molekulare Biologie (IMB) in den nächsten 10 Jahren. Das Land Rheinland-Pfalz finanzierte das Gebäude mit 45 Millionen Euro. 2011 wurde das IMB auf dem Campus der JGU eröffnet. Forschungsschwerpunkte sind Entwicklungsbiologie, Epigenetik und DNA-Reparatur. Auf der Homepage von

IMB hieß es 2015, in erster Linie werde Grundlagenforschung betrieben, „um bedeutende Fragen der Lebenswissenschaften zu beantworten. Wichtig ist uns aber auch, die <u>Anwendung unserer Forschungsergebnisse</u> im Blick zu behalten – beispielsweise zur <u>Entwicklung neuer Medikamente</u>.“[205]

Die Boehringer Ingelheim Stiftung war zwar formal rechtlich selbständig von dem Pharmaunternehmen Boehringer Ingelheim AG & Co. KG. Allerdings bestanden enge personelle Verflechtungen.[206] Da es bei dem Forschungsinstitut IMB an der JGU, ebenso wie bei dem Wirtschaftsunternehmen Boehringer auch um die Entwicklung neuer Medikamente geht, kamen daher Fragen zu Interessenkonflikten zwischen Geldgeber und Empfänger und zu möglicherweise unstatthafter Einflussnahme auf.

Prozesse und Rechtsgutachten

Im Rahmen von zwei Klagen auf Einsichtnahme in die Verträge kamen die Kooperationsabkommen zuletzt ans Tageslicht. Eine geleakte Version davon wurde bei ARD/ Monitor eingestellt, dort kann man sie heute noch immer herunterladen.[207] In einem umfangreichen Rechtsgutachten kam Klaus Gärditz, Professor für öffentliches Recht an der Uni Bonn, im März 2019 zu folgender Kernaussage: „Im Ergebnis lässt sich festhalten, dass die Kooperationsvereinbarungen der Universität

---

[205]   https://www.imb-mainz.de/de/about-imb/aboutintroduction/   Stand 25.10.15. Hervorhebung CK

[206] https://www.boehringer-ingelheim-stiftung.de/ueber-uns/organisation.html Stand 12.5.2020. Zum Zeitpunkt der Recherchen 2014 bestanden sehr enge personelle Verflechtungen

[207] https://www1.wdr.de/daserste/monitor/sendungen/gekaufte-forschung-100.html Stand 12.5.2020

mit der Stiftung im Falle des IMB das <u>Grundrecht der Wissenschaftsfrei-</u>
<u>heit (Art. 5 Abs. 3 Satz 1 GG) verletzt haben</u>."[208]

Halten wir kurz inne: Der Kooperationsvertrag zwischen der Uni Mainz und der Boehringer Ingelheim Stiftung war verfassungswidrig, sagt ein Rechtsprofessor.

Das ist eine bemerkenswerte Aussage. Der seinerzeit vermutlich größte Kooperationsvertrag zwischen einem privaten Geldgeber und einer öffentlich-rechtlichen deutschen Hochschule war verfassungswidrig. Gleichzeitig wurde der Vertrag jahrelang trotz verschiedener Anfragen geheim gehalten.

Die Begründung von Herrn Gärditz in dem Rechtsgutachten war, dass durch den Geldgeber Boehringer Ingelheim Stiftung in die Wissenschaftsfreiheit der Forscher eingegriffen werden konnte und „der Stiftung weitreichende Steuerungsfunktionen eröffnet"[209] wurden. Wörtlich heißt es in dem Gutachten: „Die Vereinbarungen aus dem Jahr 2009 und 2012 räumen insoweit der Stiftung einen weitreichenden Einfluss auf die Forschungstätigkeit ein, indem die fortgesetzte Finanzierung konkreter Forschungstätigkeit, die Beschäftigungsbedingungen des Personals und die Kommunikation mit der Öffentlichkeit einem Zustimmungsvorbehalt zugunsten der Stiftung unterworfen werden."[210] Also gleich in drei Punkten konnte in die Wissenschaftsfreiheit eingegriffen

---

[208] Gutachten Gärditz Kapitel IV. Ergebnis im Fall IMB S.70: https://freiheitsrechte.org/home/wp-content/uploads/2019/03/GFF_Gutachten_Industriekooperation.pdf Stand 12.5.2020, Hervorhebung CK
[209] https://freiheitsrechte.org/home/wp-content/uploads/2019/03/GFF_Gutachten_Industriekooperation.pdf S.57, Stand 12.5.2020
[210] https://freiheitsrechte.org/home/wp-content/uploads/2019/03/GFF_Gutachten_Industriekooperation.pdf S.70, Stand 12.5.2020

werden. Die Ergebnisse des Gutachtens wurden auf einer Pressekonferenz der Wochenzeitschrift „Die Zeit" in Hamburg am 14. März 2019 bekanntgegeben.[211]

Ein neuer, sauberer Vertrag

Durch die beiden Klagen, die beiden Prozesse und das beachtliche Medienecho 2016 sahen sich die beiden Kooperationspartner veranlasst, den Vertrag neu aufzusetzen. Am 2. Mai 2018 wurde ein komplett neuer, den bisherigen ersetzender Vertrag im Volumen von 106 Millionen Euro bekanntgegeben, der öffentlich einsehbar ist. Der neue Vertrag enthält m.E. keine erkennbaren Übergriffe des Geldgebers in wissenschaftliche Freiheiten. Von daher waren die Klagen und der Pressedruck offenbar sehr erfolgreich und zwar gleich in zwei Punkten: Erstens war der Vertrag nun frei von Einflussnahmemöglichkeiten des Geldgebers. Zweitens wurde er sofort publiziert, was in der deutschen Forschungslandschaft geradezu einzigartig ist. Es wurde also mit Top-Transparenz gearbeitet, bravo! Die Lehre daraus: Den Finger in die Wunde legen hilft, auf Schwachstellen hinweisen hilft. Man sollte sich nicht entmutigen lassen, Missstände anzuprangern. Seit 1.1.2016 ist das in Rheinland-Pfalz aber leider nicht mehr möglich.

Neues Landestransparenzgesetz (LTranspG) Rheinland-Pfalz verschlechtert die Transparenzstandards im Bereich Wissenschaft und Forschung gravierend

---

[211] https://www.zeit.de/2019/12/forschungskooperationen-stiftungen-universitaeten-finanzielle-mittel Stand 12.5.2020

Denn nach dem neuen, seit 1.Januar 2016 geltenden Landestransparenzgesetz in Rheinland-Pfalz gibt es keine Rechtsgrundlage mehr, solche Rechtsverstöße aufzudecken. §16 Abs.3 LTranspG beschränkt den Anspruch auf Transparenz im Bereich Wissenschaft und Forschung auf die Bekanntgabe von lächerlichen drei Eckdaten: Name des Drittmittelgebers, Volumen und Laufzeit der Drittmittel. Auf Basis dieser nichtssagenden Angaben gibt es keinerlei Möglichkeit mehr, dass solche Verträge durch unabhängige Dritte auf Rechtskonformität überprüft werden können. Das neue Transparenzgesetz von Rheinland-Pfalz ist daher ein bedeutender Rückschritt für die Freiheit von Wissenschaft und Forschung. Es verhindert, Einflussnahmen durch industrielle Geldgeber auf staatliche Hochschulen zu untersuchen. Was Forschung und Wissenschaft anlangt, müsste das neue Gesetz daher Landesintransparenzgesetz (LItranspG) heißen. Denn es verhindert praktisch jegliche Transparenz bei Kooperationsverträgen von Hochschulen mit industriellen Geldgebern.

Der Wettlauf um die schlechtesten Transparenzstandards

„Der Rücklauf [aus der Umfrage der ZEIT] war erschreckend: Viele Unis nannten nur Gesamtsummen aller Forschungsprojekte, sodass keine Rückschlüsse auf einzelne Geldgeber möglich waren." ZEIT Campus 2018

Diese Entwicklung, die Einsichtnahmemöglichkeiten unbequemer Dritter immer stärker abzublocken, folgt einer stringenten Logik. Das Geheimhalten von Kooperationsverträgen erleichtert die Einflussnahme privater Geldgeber und macht dadurch das Geldgeben attraktiver. Aus Sicht industrieller Geldgeber heißt das: Ich gehe in dasjenige Bundesland mit den laschesten Transparenzvorschriften, denn da wird mir am wenigsten reingeredet und insbesondere droht keine

Zwangsveröffentlichung der Kooperationsverträge. Zeit Campus bringt die Logik gut auf den Punkt: „Bloß keine Transparenz, denn das vertreibe die Industrie."[212] Das sei einhellige Meinung der Universitätsrektoren in allen Bundesländern.

Die gesetzgebenden Organe der einzelnen Bundesländer haben derzeit also einen Anreiz, die Gesetze so zu gestalten, dass die Transparenz- und Offenlegungspflichten auf dem Gebiet der Kooperationen mit Hochschulen so gering wie möglich sind. Denn je weniger von Kooperationsverträgen mit industriellen Geldgebern veröffentlicht werden muss, desto höhere Mittelzuwendungen sind für die Hochschulen zu erwarten. Umgekehrt gilt: Der Anreiz für Landesregierungen, strenge Transparenzvorschriften einzuführen, ist sehr gering, da dann die Hochschulen dieses Landes von privaten Geldgebern tendenziell gemieden werden. Das dürfte im Gesetzgebungsverfahren im Laufe der Zeit zu einem Wettbewerb nach unten, zu immer geringeren Transparenz- bzw. Offenlegungsstandards führen. Dem kann nur Einhalt geboten werden, wenn durch übergeordnete Beschlüsse der Bundesländer insgesamt oder auf Bundesebene gewisse Rahmenvorgaben mit Mindest-Transparenzanforderungen festgelegt werden.

Mein Prozess gegen die Uni Mainz vor dem Verwaltungsgericht Mainz

2015 hatte ich vor dem Verwaltungsgericht Mainz auf Einsichtnahme in die Kooperationsverträge geklagt. Aufgrund der Entwicklungen – die geleakten Verträge waren mittlerweile ins Internet gestellt worden, formulierte ich meine Klage 2016 um und wollte Vertragskopien ausgehändigt bekommen, statt die Verträge nur einzusehen. Mir

---

[212] Zeit Campus März 2018

war klar, dass ich diese umformulierte Klage verlieren musste und das wollte ich auch, um in Revision gehen zu können (s.u.). Die Klage wurde also am 14.9.2016 vom Verwaltungsgerichts Mainz erwartungsgemäß abgelehnt. In der umfangreichen Begründung hieß es unter anderem:

„Die Beschränkung der Berichtspflichten im Bereich Wissenschaftsfreiheit ist auch verhältnismäßig. Sie dient dem Schutz der verfassungsrechtlich garantierten Wissenschaftsfreiheit, insbesondere der Autonomie von Forschung und Lehre." (S.16) Mein Kommentar: Das ist Unsinn und das Gegenteil der Wirklichkeit. Je stärker die Intransparenz bei Kooperationsverträgen, desto größer die Möglichkeit der Einflussnahme durch die Geldgeber und desto unfreier wird die Forschung.

Auf Seite 17 der Urteilsbegründung heißt es zum neuen Landesintranparenzgesetz von Rheinland-Pfalz: „Vor diesem Hintergrund ist es nicht zu beanstanden, dass der Gesetzgeber die Transparenzpflichten der Hochschulen gegenüber der Allgemeinheit auf bestimmte Mindestangaben beschränkt hat. Das trägt einerseits der besonderen grundrechtlichen Bedeutung der Autonomie von Forschung und Lehre Rechnung, berücksichtigt andererseits aber auch in angemessenem Umfang das öffentliche Informationsinteresse und ermöglicht durch Bekanntgabe der Namen der Drittmittelgeber und der Höhe der Drittmittel eine substantielle öffentliche Diskussion und Kontrolle der Wechselbeziehungen zwischen öffentlichen Hochschulen und privater Wirtschaft."

Mein Kommentar: Die Begründung ist an Absurdität schwer zu überbieten. Sie widerspricht sich selbst. Wie soll eine substantielle Diskussion über Einflussnahe auf Forschung stattfinden, wenn genau die Substanz der Verträge, der Inhalt, fehlt und nur mehr Name, Gegenstand und Betragshöhe bekanntgegeben werden müssen?

Nachdem mir im Prozess also die Aushändigung von Kopien der Originalverträge im September 2016 verweigert worden war, versuchte ich, über das Oberverwaltungsgericht Rheinland-Pfalz in Koblenz die Frage nach Transparenz von Kooperationsverträgen auf eine höhere gerichtliche Ebene zu bringen. Ziel war, zuletzt zum Bundesverwaltungsgericht zu gehen, um eine bundesweite Regelung anzustoßen. Leider wurde meine Berufung vom OVG Koblenz abgelehnt. Wie schade. Meine privaten Kosten für die Klage und die Berufung betrugen etwa 2.500 Euro.

Nochmal zur Klarstellung: Die Behauptung, das Geheimhalten von Kooperationsverträgen fördere die Freiheit von Wissenschaft und Forschung, ist falsch. Diese Darstellung wird gerne von interessierter Seite, in der Regel den Konzernen, vertreten. Das Gegenteil ist der Fall. Die Freiheit von Hochschulforschung wird dadurch eingeschränkt und umso williger in den Dienst der Geldgeber gestellt.

Die Rolle von Andreas Barner

Zuletzt sei auf einen möglichen Interessenkonflikt in der Person Dr. Andreas Barner in diesem Zusammenhang hingewiesen. Dr. Barner war von 2009 bis 2016 Sprecher der Unternehmensleitung von Boehringer Ingelheim, seither ist er im Gesellschafterausschuss des Pharmaunternehmens.[213] In der Boehringer Ingelheim Stiftung ist er Mitglied des 3-köpfigen Vorstandes und Vorsitzender des 4-köpfigen wissenschaftlichen Beirates[214] Außerdem ist er seit 2012 Vorsitzender des 10-köpfigen Hochschulrates (zuletzt wurde die 5-jährige Amtszeit verlängert

---

[213] https://de.wikipedia.org/wiki/Andreas_Barner Stand 13.5.2020
[214] https://www.boehringer-ingelheim-stiftung.de/ueber-uns/organisation.html Stand 12.5.2020

von 1.Januar 2019 bis 31.Dezember 2023), der unter anderem den Universitäts-Präsidenten vorschlägt.[215] Nach eigener Aussage war Andreas Barner seitens der Boehringer Ingelheim Stiftung von Anfang an in die Kooperationsbestrebungen mit der Uni Mainz eingebunden. Der Journalist Christian Füller schreibt dazu: „Er sitzt auf beiden Seiten des Tisches. Käme es zum Beispiel zu einem Konflikt zwischen der Universität und dem Institut für Molekularbiologie, dann wäre Barner der ideale Vermittler. Da könnte nämlich der Hochschulrat Andreas Barner mit dem Vorstand der Boehringer-Stiftung verhandeln – also mit sich selbst. „Herr Barner hat mehr Hüte auf, als auf einen Kopf passen", sagt ein Experte des Stifterverbandes für die Wissenschaft, der seinen Namen nicht nennen will."[216]

Die zwielichtige Rolle des Stifterverbandes für die Deutsche Wissenschaft

Darüber hinaus ist Dr. Barner seit Juni 2013 Präsident des Stifterverbandes für die Deutsche Wissenschaft.[217] Der Stifterverband ist nach eigener Aussage „die Gemeinschaftsinitiative von Unternehmen und Stiftungen, die als einzige ganzheitlich in den Bereichen Bildung, Wissenschaft und Innovation berät, vernetzt und fördert. [...] Der Stifterverband tritt für eine Qualitätssteigerung der akademischen Bildung ein und macht sich für autonome Hochschulen in einem wettbewerblich ausgerichteten System stark."[218]

---

[215] Füller, Blätter 2016 und https://organisation.uni-mainz.de/hochschulgremien/hochschulrat/ Stand 12.5.2020
[216] Füller 12/2016, Blätter
[217] https://de.wikipedia.org/wiki/Stifterverband_f%C3%BCr_die_Deutsche_Wissenschaft Stand 13.5.2020
[218] https://www.stifterverband.org/ueber-uns Stand 13.5.2020. Hervorhebung CK

Der Stifterverband spielt eine wichtige Rolle bei Kooperationen von privaten Geldgebern und Hochschulen. Er gab dazu 2011 einen Code of Conduct heraus, „Empfehlungen für die Einrichtung von Stiftungsprofessuren durch private Förderer".[219] Diese Richtlinien finden bei Kooperationen von Hochschulen mit privaten Geldgebern starke Beachtung. Im Code of Conduct werden folgende fünf Regeln für Kooperationen privater Geldgeber mit öffentlichen Hochschulen festgelegt:

* Unabhängigkeit
* Freiheit von Forschung und Lehre
* Transparenz
* Schriftform
* Verzicht auf Beeinflussung

Der ans Tageslicht gezerrte, verfassungswidrige Kooperationsvertrag zwischen der Uni Mainz und der Boehringer Ingelheim Stiftung von 2012, an dem, wie oben ausgeführt, von beiden Seiten Andreas Barner beteiligt war, hielt, wie durch das Rechtsgutachten von 2019 aufgezeigt wurde, vier von fünf Punkten nicht ein: Er widersprach der Unabhängigkeit der Uni Mainz, er widersprach dem Prinzip der Freiheit von Forschung und Lehre, er wurde nicht transparent gemacht, insbesondere nicht veröffentlicht und er widersprach dem Prinzip des Verzichts auf Beeinflussung. Somit dürfte Andreas Barner in seiner Funktion als Präsident des Stifterverbandes für die Deutsche Wissenschaft vier von fünf seiner eigenen Richtlinien nicht eingehalten haben.

Im April 2016 wurde durch den Stifterverband unter der Präsidentschaft von Dr. Barner ein neuer Code of Conduct erlassen. Er trägt den

---

[219] file:///C:/Users/00413/Documents/Drittmittel/code_of_conduct%20Stifterverband%202011.pdf Stand 2014

Titel „Empfehlungen. Transparenz bei der Zusammenarbeit von Hochschulen und Unternehmen."[220] Darin ist viel die Rede von Transparenz, Informationspflicht der Hochschulen, Forschungsfreiheit, Autonomie der Hochschulen usw. Bei genauerer Lektüre stellt sich jedoch heraus, dass beispielsweise die Offenlegung von Informationen nur mit Einverständnis des Geldgebers erlaubt sein soll. Die Informationen sollen nicht über zentrale Eckdaten hinausgehen. Es werden zwei Beispiele für langfristige Kooperationen genannt, gewissermaßen als Musterbeispiel. Eines davon ist das EWI an der Universität Köln. Das EWI ist jedoch durch eine Reihe von Wissenschaftsskandalen publik geworden. Es ist geradezu ein Musterfall für gekaufte und manipulierte Wissenschaft.[221] Ausgerechnet das skandalbekannte EWI als Musterbeispiel im Code of Conduct des Stifterverbandes?

Kurz: Der Stifterverband empfiehlt de facto maximale Intransparenz und größtmöglichen Einfluss der Geldgeber. Das überrascht Insider wenig. Hinter dem Verband stehen „DAX-Konzerne, Mittelständler, Unternehmensverbände, Stifter und engagierte Privatpersonen"[222]. Laut dem Journalisten Christian Füller liest sich die Mitgliederliste „wie das Who's Who der deutschen Industrie".[223] Außerdem verweist der Verband auf zahlreiche Kooperationen mit hochkarätigen Industrieverbänden wie BDI, BDA, DIHK usw. Auch Präsident Andreas Barner ist oder war Mitglied in zahlreichen hochrangigen Wirtschaftsverbänden wie BDI, VCI, VFA u.a.

---

[220]file:///C:/Users/00413/Documents/Drittmittel/Stifterverband%20Code%20of%20Conduct%20ca.%20April%202016.pdf Stand 13.5.2020

[221] Vgl. Kreiß 2015, Gekaufte Forschung

[222] https://www.stifterverband.org/ueber-uns Stand 13.5.2020

[223] Füller 2016, Blätter

Schon das oben zitierte Hauptmotto auf der Startseite des Verbandes ist an Irreführung schwer zu überbieten: „Der Stifterverband ist die Gemeinschaftsinitiative von Unternehmen und Stiftungen, die als einzige <u>ganzheitlich</u> in den Bereichen Bildung, Wissenschaft und Innovation berät, vernetzt und fördert [...] und macht sich für <u>autonome</u> Hochschulen [...] stark."[224] Der Industriellenverband vertritt exakt das Gegenteil eines <u>ganzheitlichen</u> Ansatzes. Er ist geradezu der Inbegriff für <u>einseitige</u> Interessenvertretung des Kapitals und macht sich für <u>nicht autonome, beinflussbare</u> Hochschulen stark.

Der Stifterverband ist de facto eine beinahe lupenreine Lobbyvereinigung der Industrie, die Kapital- oder Industrieinteressen vertritt und nicht die Interessen der Allgemeinheit oder gar die Interessen von freien Forschern. Im Gegenteil. Freie Forschung ist gerade ein Hemmnis für die Industrieinteressen. Der Verband hat einen falschen Namen gewählt. Er sollte Stifterverband für die deutsche Wirtschaft heißen, nicht für die Deutsche Wissenschaft.

---

[224] https://www.stifterverband.org/ueber-uns Stand 13.5.2020. Hervorhebung CK

Interessenkonflikte in der Ständigen Impf-kommission (STIKO) am Robert Koch Institut (RKI) Berlin

Die Impfempfehlungen der STIKO

Wann und wieviel in Deutschland geimpft wird, entscheidet de facto die Ständige Impfkommission (STIKO) am Robert-Koch-Institut in Berlin (RKI). Sie gibt die Richtlinien für Impfungen heraus, die in Form des „Impfkalenders" regelmäßig veröffentlicht werden. Auch wenn es sich formal nur um „Empfehlungen" handelt, sind es in Wirklichkeit Anordnungen, die für die Krankenkassen verpflichtende Wirkung haben. Die große Mehrheit der Ärzte richtet sich danach.[225] Die Zahl der von der STIKO empfohlenen und durchgeführten Impfungen hat sich in Deutschland in den letzten 50 Jahren dramatisch erhöht. Im ersten Lebensjahr werden heute etwa 36 Mal so viele Impfdosen verabreicht wie 1971. Hier ein Schaubild dazu:

---

[225] Vgl. Kreiß/ Siebenbrock 2019, BWL S.147ff.

Impfempfehlungen in Deutschland (1970 - 2015)[226]

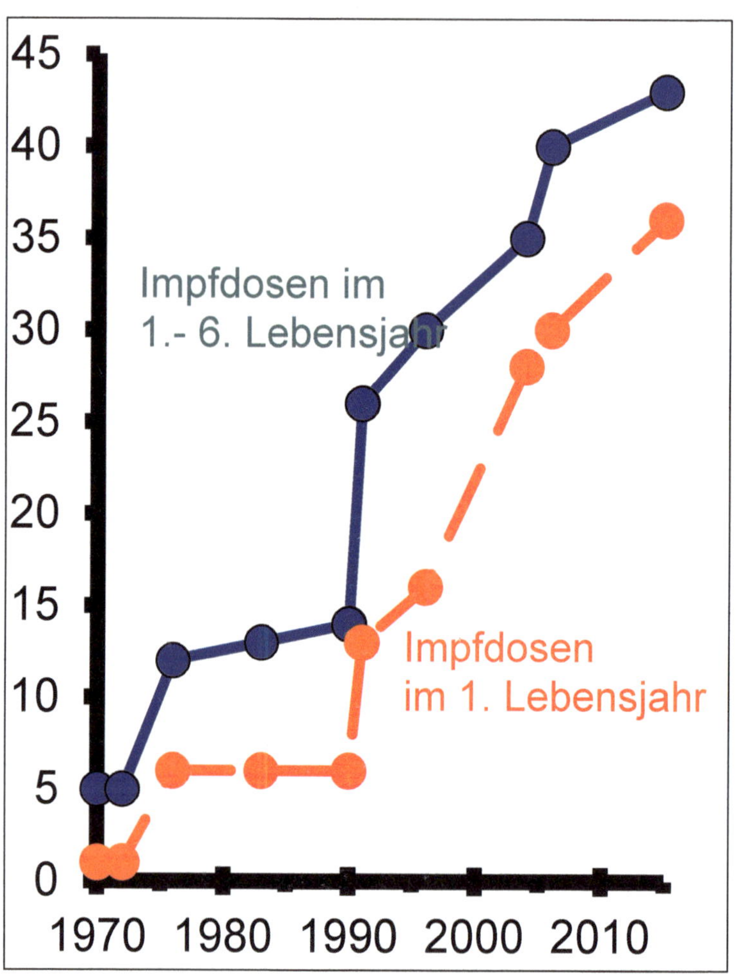

---

[226] Vgl. Kreiß/ Siebenbrock 2019, BWL S.148. Quelle: Friedrich Klammrodt (unter Verwendung der Impfkalender des Robert-Koch-Instituts Berlin), Email vom 17.9.2017

Wie kam es zu diesem phänomenalen Anstieg der Impfungen? Die STIKO wird seit langem dafür kritisiert, dass sie bei ihren Entscheidungen stark von der Impfindustrie beeinflusst ist. Schon vor über einem Jahrzehnt, im August 2007, schrieb ein Kinderarzt, die STIKO sei ein Bundesgenosse der Impfindustrie, die zahllosen aufgedeckten Interessenkonflikte „machen dieses Gremium eigentlich zur Farce."[227] Selbst auf wikipedia, das meist äußerst industriefreundlich darstellt, ist der Eintrag zu „Kritik" erstaunlich lang.[228] Derzeit geben fünf der 18 Mitglieder auf der Homepage der STIKO starke Kooperationen mit Impfherstellern in der Selbstauskunft an:

- Gerd-Dieter Burchardt,
- Edeltraut Garbe,
- Ulrich Heininger,
- Ursula Wiedermann und
- Fred Zepp.[229]

Fred Zepp musste allein bis 2012 (er ist seit 1998 STIKO-Mitglied) mindestens 10 Mal wegen Befangenheit den Raum verlassen. Die Liste seiner Kooperationen mit der Pharmaindustrie ist beeindruckend. Fred Zepp ist meiner Meinung nach geradezu der optimale PR-Mann der Impfkonzerne, ein idealer Pharmalobbyist.[230]

Wie das Robert Koch Institut (RKI) angesichts der Selbstauskünfte der fünf genannten Personen, insbesondere derjenigen von Fred Zepp,

---

[227] Hirte 2012, S.9, Vorwort vom August 2007
[228] https://de.wikipedia.org/wiki/St%C3%A4ndige_Impfkommission Stand 14.5.2020
[229] https://www.rki.de/DE/Content/Kommissionen/STIKO/Mitgliedschaft/Mitglieder/mitglieder_node.html Stand 14.5.2020
[230] Vgl. Kreiß/ Siebenbrock 2019, BWL, S.147ff.

zu dem Ergebnis kommt, dass diese „als unkritisch gewertet"[231] werden (Stand 15. Mai 2020), kann ich nicht nachvollziehen. Ist es richtig, dass Menschen, bei denen teilweise massive Kooperationen mit Impfstoffherstellern vorliegen, über die Impfungen an unseren Kindern (und an uns) entscheiden? Sollten diese Menschen nicht so schnell wie möglich aus der STIKO entfernt werden?

Das öffentliche Fachgespräch im Deutschen Bundestag zum Thema Wissenschaftliche Verantwortung am 4.11.2015

Am 4. November 2015 wurde ich als einer von sieben deutschen Wissenschaftlern in den Ausschuss für Bildung, Forschung und Technikfolgenabschätzung des Deutschen Bundestages eingeladen. Anlass war ein öffentliches Fachgespräch zum Thema Wissenschaftliche Verantwortung. Ich führte seinerzeit vor etwa 40 anwesenden Bundestagsabgeordneten sowie Pressevertretern und einigen interessierten Zuhörern vor laufender Kamera aus, dass einige Mitglieder der <u>STIKO wegen Befangenheit</u> sofort aus dem Gremium ausscheiden müssten und die Stellen anschließend mit unabhängigen Fachleuten neu besetzt werden müssten.[232] Diese Meinung vertrete ich noch heute.

Einer der sechs anderen in den Bundestag eingeladenen Wissenschaftler sagte mir in einem privaten Gespräch im Flur, dass er ganz meiner Meinung sei. Die STIKO sei stark von Leuten mit Kontakten zur

---

[231] https://www.rki.de/DE/Content/Kommissionen/STIKO/Mitgliedschaft/Mitglieder/Profile/Zepp_Profil.html
Stand 8.6.2020
[232] https://www.bundestag.de/resource/blob/393618/96c6fc69db611847737844016d571193/Stellungnahme_Kreiss-data.pdf Stand 14.5.2020

Impfindustrie besetzt, das sei ja allgemein bekannt. Das eigentliche Problem daran sei, dass es kaum mehr unabhängige Forscher auf dem Gebiet gäbe. Denn jeder, der front-end-Forschung zu Impfungen machen wolle, sei gezwungen mit der Impfindustrie zusammenzuarbeiten, sonst komme man nicht an die neuesten Wirkstoffe und könne nicht in den führenden Wissenschaftsjournalen veröffentlichen.

Dabei geht es häufig nicht in erster Linie um direkte Geldzuwendungen aus der Industrie, obwohl das auch vorkommt. Entscheidender ist die geistige Prägung, die ausgeübt wird, wenn man jahrelang mit den Pharmaherstellern zusammenarbeitet und dabei leicht ihr mind-set übernimmt (das da lautet: Gewinn geht vor Gesundheit[233]).

Zwischenbetrachtung: Gewinnmaximierende Pharmaunternehmen und Gesundheit

In diesem Zusammenhang kann man sich klarmachen, was das Grundmotto von Konzernen, ihre Gewinne zu maximieren – andere Ausdrücke dafür sind Shareholder Value Ansatz oder Economic Value Added (EVA) bzw. wertorientierte Unternehmensführung - für Pharmaunternehmen letztlich eigentlich bedeutet. Das Schlimmste, was gewinnorientierten Pharmakonzernen passieren könnte, wären: gesunde Menschen. Denn gesunde Menschen kaufen keine Medikamente mehr. Und ohne Medikamentenverkauf gibt es keine Gewinne mehr. Das Zweitschlimmste für Pharmaunternehmen wäre, wenn die Menschen gesünder würden. Denn dann würden die Medikamentenverkäufe zurückgehen und die Gewinne schrumpfen oder gar – horribile dictu - verschwinden.

---

[233] Vgl. Kreiß Gekaufte Forschung 2015

Logisch konsequent zu Ende gedacht bedeutet das Gewinnmaximierungsprinzip im Gesundheitsbereich: Die Konzerne haben ein ökonomisches Interesse daran, dass wir Menschen nicht gesund sind, sondern möglichst krank, damit sie mehr Medikamente verkaufen können. Für gewinnmaximierende Pharmaunternehmen sind gesunde Menschen ein Alptraum. Denn dann können sie ihr Geschäft einstellen. Pharmaunternehmen brauchen und wollen kranke Menschen. Letztlich heißt das: Pharmakonzerne wollen und sollen uns nicht gesundmachen. Sie wollen und sollen – DAS ist ihr Auftrag aus Sicht der Aktionäre im Sinne des Shareholder-Value-Ansatzes, und nichts Anderes - Medikamente verkaufen. Am besten sind medikamenten- (oder impfstoff-) abhängige Menschen. Und das geht nur, wenn die Menschen möglichst krank sind. Etwas mephistophelisch gedacht[234]: Wenn man die Menschen krankmacht, macht man höhere Gewinne.

Gewinnmaximierung im Gesundheitssektor ist ein Denkfehler. Gewinnmaximierende Unternehmen im Gesundheitsbereich schädigen unsere Gesundheit. Sie gehören abgeschafft.

Ein Insider packt aus

Im aktuellen Impfkalender der STIKO vom 22. August 2019[235] wird für Kinder unter einem Jahr drei Mal eine Siebenfachimpfung verordnet. Eine davon ist gegen Hepatitis B. Nun ist Hepatitis B eine Krankheit, die in speziellen Gefährdungsgruppen wie Drogenabhängigen, Personen mit starker Promiskuität oder Prostitution usw. auftritt. Neugeborene mit Müttern (bzw. Eltern) aus diesen Zielgruppen könnte man gezielt durch Impfungen schützen. Aber für SÄMTLICHE Neugeborenen

---

[234] Vgl. Kreiß 2019, Das Mephisto-Prinzip in unserer Wirtschaft
[235] https://www.rki.de/DE/Content/Kommissionen/STIKO/Empfehlungen/Aktuelles/Impfkalender.pdf?__blob=publicationFile Stand 15.5.2020

macht das überhaupt keinen Sinn. Daher fragte ich im Oktober 2016 ein früheres Mitglied der STIKO im Rahmen eines Abendessens nach einer Podiumsdiskussion: Warum wird die Hepatitis B-Impfung ALLEN Säuglingen in Deutschland verabreicht, obwohl das doch gar keinen Sinn macht? Denn alle Impfungen stellen ja Eingriffe in das Immunsystem dar und belasten daher die Gesundheit von Säuglingen? Verantwortungsvolle Eltern würden doch daher niemals ihr Kind freiwillig gegen Hepatitis B impfen? Das ehemalige STIKO-Mitglied <u>stimmte mir zu</u> und antwortete auf die Frage, warum denn dann der Impfstoff gegen Hepatitis B in der Siebenfachimpfung für Säuglinge enthalten sei: „<u>Weil sie den Impfstoff Hepatitis B sonst nicht verkaufen könnten.</u>"

Halten wir kurz inne. Ein früheres STIKO-Mitglied antwortet auf die Frage, weshalb ein bestimmter Impfstoff Säuglingen verabreicht wird, obwohl die Impfung für weit über 95 Prozent aller Babies nicht nur keinen Sinn macht, sondern das Immunsystem schwächt: Weil die Impfkonzerne den Impfstoff sonst nicht verkaufen könnten. Der Impfkalender der STIKO schreibt <u>auch heute</u> die Hepatitis B-Impfung für SÄMTLICHE Säuglinge in Deutschland drei Mal im ersten Lebensjahr vor. Was steht bei dieser Entscheidung der STIKO im Vordergrund: Die Gesundheit unserer Babies oder die Gewinne der Pharmakonzerne?

Ein letztes Fallbeispiel mit freundlicher Genehmigung von Foodwatch (eine klasse Organisation!): Der Nutri-Score von Ministerin Julia Klöckner (CDU), unserer Ernährungs- und Landwirtschaftsministerin

Foodwatch Newsletter 10.Juli 2020: „Was nicht passt, wird passend gemacht

Bildquelle: https://www.bundesregierung.de/breg-de/aktuelles/nutri-score-1676872 Stand 17.7.2020

Hallo lieber Leser,

dass sich im politischen Meinungsstreit jeder seine eigene Wahrheit sucht, ist nicht neu. Da werden schon einmal aus politischem Kalkül wissenschaftliche Fakten ignoriert oder uminterpretiert – und mit Auftragsgutachten lässt sich schließlich so ziemlich alles und auch das Gegenteil belegen. So weit, so bekannt. Doch wenn wir dachten, in Sachen fragwürdiger Umgang mit Wissenschaft kann uns nichts mehr überraschen, dann haben wir nicht mit Julia Klöckner gerechnet.

„Mir ist wichtig, dass wir unsere politischen Entscheidungen auf Grundlage von Fakten, Wissenschaft und Forschungsergebnissen fällen", erklärt die Bundesernährungsministerin. Allein, die Realität sieht anders aus: Frau Klöckners Ministerium ließ sogar eine wissenschaftliche Studie umschreiben, deren Ergebnis offenbar nicht ins politische Konzept passte.

Über viele Jahre hatte sich Julia Klöckner den Ruf als Gegnerin einer farbigen „Ampelkennzeichnung" für Lebensmittel erarbeitet. Als Ministerin ignorierte sie zunächst einfach umfangreiche wissenschaftliche Studien, die den „Nutri-Score" – das französische „Ampel"-Modell – als verständlichste Nährwertkennzeichnung identifiziert hatten. Schlimm genug, aber der Skandal folgte erst danach: Als das Ministerium eine von Frau Klöckner selbst beauftragte, weitere Studie – die „dummerweise" ausgerechnet den Nutri-Score als Grundlage für die Nährwertkennzeichnung empfahl – zunächst unter Verschluss hielt und am Ende so ändern ließ, dass die Ampel plötzlich gar nicht mehr so gut dastand.

Erst durch lange Recherchen, eine Klage gegen das Bundesernährungsministerium und die Auswertung zahlreicher interner Ministeriums-E-Mails gelang es zwei meiner Kolleginnen bei foodwatch, die unverfrorene Studien-Manipulation aufzudecken. Die Rekonstruktion eines abenteuerlichen Falles führt zurück in den Herbst 2018, als dem Ministerium eine Studie des staatlichen Max-Rubner-Instituts (MRI) vorgelegt wird. Dort hatten Wissenschaftler im Auftrag von Frau Klöckner verschiedene Nährwertkennzeichnungssysteme geprüft. Die Nutri-Score-Ampel stufen sie als „vorteilhaft" ein. Die Öffentlichkeit jedoch bekommt davon nichts mit. Frau Klöckner lässt die Studie geheim halten – und schließlich umschreiben.

Das Resultat sehen wir im April 2019, etwa ein halbes Jahr später. Das MRI veröffentlicht eine stark überarbeitete Fassung der Studie: Eine Empfehlung für den Nutri-Score lässt sich – anders als aus der Original-Arbeit – nicht mehr herauslesen. Das neue, „aufpolierte" Ergebnis lautet nun: Jedes bestehende Kennzeichnungsmodell hat seine Vor- Und Nachteile. Für Frau Klöckner Anlass genug, unter Verweis auf die Arbeit in einer Erklärung ausschließlich negativ über den Nutri-Score zu sprechen. Und weiter daran zu arbeiten, die in weiten Teilen der Lebensmittelindustrie verhasste Ampel zu verhindern: Sie beauftragt das MRI, flugs ein ganz neues Kennzeichnungsmodell zu entwickeln – auf Basis eines wissenschaftlich längst durchgefallenen Systems der Industrielobby!

All das wissen wir nur, weil meine Kolleginnen die Original-Studie erstritten und die Dokumente aus dem Ministerium ausgewertet haben. Am Ende musste Frau Klöckner unter großem öffentlichem Druck doch noch eine Empfehlung für den Nutri-Score aussprechen. Doch wir fragen uns: Welche Studien gibt es noch in Ministerien und Behörden, von denen niemand erfährt – jedenfalls nicht im Original? Deshalb klagen wir weiter vor Gericht für das Recht, Studienergebnisse staatlicher Institute zu erfahren – auch wenn sie für die Auftraggeber politisch unliebsam sind.“

(Foodwatch Newsletter 10.Juli 2020)

Teil III Erkenntnisse, Schlussfolgerungen und Abhilfen

Im dritten Teil sollen nun Erkenntnisse und Schlussfolgerungen aus den beiden ersten Teilen gezogen werden, bevor wir auf mögliche, dringend nötige Abhilfen zu sprechen kommen.

Der Schlüssel zum Verständnis: Die Sechs Schritte ins Verderben

Am Anfang des Buches wurden die „sechs Schritte ins Verderben" herausgearbeitet. Dieses Muster ist für mich der wichtigste Schlüssel zum Verstehen, worum es eigentlich bei Industriegeldern für die Wissenschaft geht und wie die gezielte Einflussnahme auf wissenschaftliche Inhalte abläuft. Das Schema wurde von der Tabakindustrie akribisch ausgearbeitet und jahrzehntelang intensiv angewendet. Ich habe sie deshalb die sechs Schritte ins Verderben genannt. Denn sie schädigen uns Bürger und die Gesellschaft in größtmöglichem Ausmaß, um Industriegewinne zu maximieren.

Rein moralisch betrachtet ist das selbstverständlich ein absolut skrupelloses Vorgehen der Konzerne. Es gab ja auch eine ganze Reihe von Gerichtsprozessen dazu und die Tabakindustrie darf nach dem Ausspruch einer US-Richterin daher als „kriminelle Vereinigung" bezeichnet werden.[236] Das bringt die Sache ziemlich gut auf den Punkt. Um Gewinne zu maximieren, gehen Konzerne wortwörtlich über Leichen. Wenn es um viel Geld, um hohe Gewinne geht, fallen Menschenleben

---

[236] Kreiß 2015, Gekaufte Forschung S.35

aus Konzernsicht nicht wirklich ins Gewicht, egal ob Dieselskandal, Big Pharma, Big Tobacco, Big Soda, Big Food, Gen Food, Glyphosat, Holzschutzmittel, Atomindustrie, Ölindustrie, Luftfahrtbranche usw. Das gilt leider für fast alle großen Industriekonzerne, zumindest für die börsennotierten, aus fast allen Branchen.

Zur Erinnerung: die sechs Schritte sind folgende:

1. Auswahl besonders vielversprechender, industrienaher (Nachwuchs-) Wissenschaftler.
2. Fördern der besonders industrienahen Forscher.
3. Maximale Intransparenz herstellen und Geheimhalten der Verbindungen zur Industrie.
4. Für gewinnfreundliche Ergebnisse sorgen.
5. Confounder (Verwirrfaktoren) einführen und Fehlfährten legen.
6. Verzögern politischer Gegenmaßnahmen durch den Ruf nach noch mehr Forschung, Paralyse durch Analyse.

Man könnte auch noch Zwischenschritte einführen. Die Zählung „sechs" ist also nicht in Stein gemeißelt, aber im Großen und Ganzen kann man das Schema gut auf diese sechs Schritte reduzieren. Diese Methode ist extrem effizient, wenn es darum geht, Wissenschaft auf Schleichwegen zu missbrauchen oder zu korrumpieren und dadurch die Konzerngewinne zu erhöhen. Hat man das Schema einmal durchschaut und wirft man dann einen Blick auf die verschiedensten Branchen in den letzten zwanzig Jahren, so hat man ständig Aha- Erlebnisse, genauer: déjà- vu- Erlebnisse. Man denkt sich ständig: Das habe ich doch schon mal wo gesehen. Und so ist es auch.

Das schädliche Schema wird so oft angewandt, weil es so wirksam ist. Die oben beschriebenen Fallbeispiele Dieselskandal, Facebook - TU

München, Cyber Valley, Lidl - TU München oder das teilweise Beschicken der Ständigen Impfkommission am Robert Koch Institut mit impfindustrienahen Experten: Die sechs Schritte, ganz oder teilweise angewandt, führen äußerst effizient dazu, Industrie- bzw. Gewinninteressen in die Wissenschaft einzuschleusen – auf Kosten einer wirklich freien, ausgewogenen Wissenschaft und zu Lasten der Bürger, die diese schwer durchschaubaren Prozesse nicht erkennen können und daher systematisch geschädigt werden. Das Wort systematisch ist völlig ernst gemeint. Es handelt sich um ein System, eine planmäßige Methode. Es handelt sich nicht etwa um Zufall, sondern um eine Struktur, eine zielbewusste, geplante Vorgehensweise, genau wie es in den BWL-Lehrbüchern durchdekliniert und empfohlen wird: eine planmäßige Vorgehensweise zur Maximierung der Gewinne.[237]

Der Grund dafür, warum gerade die Wissenschaft in den letzten Jahrzehnten immer stärker in den Fokus gewinnmaximierender Konzerne gerückt ist, liegt, wie oben beschrieben, in der dramatischen geistigen Wende, die wir in den letzten vielleicht 120 Jahren erlebt haben. Durch den ungeheuren Rückgang des Einflusses von Religion, Normen und Tradition geht in der neuzeitlichen materialistisch-naturwissenschaftlichen Welt fast nichts mehr ohne wissenschaftliche Begründung und Legitimation. Ich habe es oben beschrieben mit der Überschrift: Aus „im Namen Gottes" wurde „im Namen der Wissenschaft". Deshalb wurde der Machtkampf um Deutungshoheit, Gesetze, Normen und öffentliche Meinung immer stärker ins Herz der Wissenschaft getragen, in die Universitäten. Den Konzernen geht es dabei vor allem um Deep Marketing, um langfristige politische Weichenstellungen. Dieser Machtkampf dürfte meiner Einschätzung nach in den nächsten Jahrzehnten weiter stark zunehmen. Die Universitäten bleiben nicht nur sehr wichtige Einfallstore für Industrieinteressen, sondern dürften dies in den kommenden Jahren in immer stärkerem Umfang werden. Um das zu erkennen oder zu durchschauen, ist das besagte Sechs-Punkte-Schema

---

[237] Vgl. Kreiß/ Siebenbrock 2019 BWL

sehr hilfreich. Ich möchte daher drei der oben geschilderten Fallstudien, auf die es besonders mustergültig zutrifft, hier noch einmal kurz unter dem Gesichtspunkt dieser sechs Schritte ins Verderben zusammenfassen, weil ich das Verständnis für diese sechs Schritte besonders wichtig finde. Da das Schema oben bei den Einzelfällen bereits beschrieben wurde, kann man als eiliger Leser diese etwa zwei Seiten auch gut überspringen.

Wiederholung: Das Sechs-Punkte-Schema in Aktion

Das von Facebook finanzierte Ethikinstitut an der TU München (TUM Institute for Ethics in AI)

Der Fall Facebook-TU München ist geradezu ein Musterbeispiel für das Sechs-Schritte-Schema ins Verderben. Hier werden alle sechs Punkte minutiös abgearbeitet.

1. Auswahl eines besonders vielversprechenden, industrienahen Wissenschaftlers: Es wurde von Facebook eine perfekte Wahl getroffen in der Person des gleich direkt von Facebook ernannten Gründungsdirektors Prof. Dr. Christoph Lütge. Konzernfreundlicher und -unkritischer geht einfach nicht.

2. Maximieren der Wirksamkeit (maximum impact) des besonders industrienahen Forschers: 7,5 Millionen Dollar sind für Forscher an deutschen Hochschulen richtig viel Geld. Das wird Ruf und Zahl der Publikationen deutlich erhöhen. Meinungsführerschaft ist vorprogrammiert. Besser kann es für Facebook eigentlich kaum laufen. Und das Ganze unter dem Deckmantel scheinbar neutraler und unabhängiger Forschung an einer staatlichen Elite-Universität. Das führt direkt zu Punkt drei:

3. Maximale Intransparenz herstellen: Diese Strategie wurde von den beteiligten Kollaborateuren Facebook und TU München uneingeschränkt befolgt. Sämtliche Verträge wurden selbstverständlich komplett geheim gehalten. Dummerweise kam ein whistleblower dazwischen und hat die Aussagen der TUM-Leitung und von Facebook als Unwahrheiten entblößt. Blöd gelaufen.

4. Für gewinnfreundliche Ergebnisse sorgen: Dieser Punkt wird wunderbar über zwei verfassungswidrige Vertragsklauseln sichergestellt. Erstens darf der Facebook-freundliche Institutsleiter Lütge nur nach vorheriger schriftlicher Zustimmung von Facebook ausgewechselt werden. Zweitens besteht die Drohung, dass Facebook jederzeit sofort die Gelder stoppen kann, ohne dafür Gründe angeben zu müssen, falls unliebsame Fragen oder Ergebnisse im Institut auftreten sollten.

5. Confounder (Verwirrfaktoren) einführen und Fehlfährten legen: Es ist mir unmöglich, alle Artikel und Events, die auf der Homepage des Institute for Ethics in Artificial Intelligence aufgeführt sind, einzeln durchzugehen. Aber ich bin mir ziemlich sicher, dass die Macht von Facebook oder anderer großer Internetkonzerne kein Forschungsthema sein dürfte, dass bestimmte kritische Fragen dazu einfach <u>nicht</u> vorkommen werden. Oft ist es viel wichtiger, sich zu überlegen, was eigentlich <u>nicht</u> gefragt wird, welche Themen stillschweigend <u>ausgeklammert</u> werden. Es ist selbstverständlich kein Zufall, wenn bestimmte Fragen <u>nicht</u> gestellt werden. Genau das ist ja das Hauptziel von Facebook: bestimmte Fragen <u>nicht</u> aufkommen zu lassen. Christoph Lütge sagte selbst: „Außerdem seien die Themen, die an seinem Institut erforscht werden, für Facebook überhaupt nicht relevant."[238] Das bringt die Sa-

---

[238] Netzpolitik 18.12.2019: ein Geschenk auf Raten: https://netzpolitik.org/2019/ein-geschenk-auf-raten/
Stand 21.5.2020

che ziemlich gut auf den Punkt. Es wird eine Unmenge von Fragen gestellt, die perfekt von unangenehmen Forschungen für Facebook <u>ablenken</u>. Und das sollen sie auch. Mission completed.

6. Eines der Hauptziele von Facebook, weshalb sie das Ethikinstitut an der TUM finanziert haben, dürfte sein, politische Gegenmaßnahmen zu verhindern, sprich Paralyse durch Analyse zu betreiben. Der Philosophieprofessor Thomas Metzinger weist, wie oben erwähnt, genau auf diesen Punkt hin: „Ich beobachte derzeit ein Phänomen, das man als „ethics washing" bezeichnen kann. Das bedeutet, dass die Industrie ethische Debatten organisiert und kultiviert, um sich Zeit zu kaufen – um die Öffentlichkeit abzulenken, um wirksame Regulation und echte Politikgestaltung zu unterbinden oder zumindest zu verschleppen."[239]. Das sechste Prinzip des Schemas, „Verzögern politischer Gegenmaßnahmen durch den Ruf nach noch mehr Forschung, Paralyse durch Analyse" wird also von Facebook und TU München minutiös eingehalten.

Cyber Valley und das Sechs-Punkte-Schema

Bei Cyber Valley sind sieben Industriepartner beteiligt, Amazon und sechs Konzerne aus dem Automobilsektor.

1. Auswahl besonders vielversprechender, industrienaher Wissenschaftler: Der Spitzenvertreter von Cyber Valley, der Sprecher des Vorstandes, Michael Black, ist ein Distinguished Amazon Scholar und bezieht 20 Prozent seines Gehaltes von Amazon. Auch ein anderer Spitzenmann von Cyber Valley, der sehr prominente Bernhard Schölkopf ist ein Distinguished Amazon Scholar und bezieht 20 Prozent seines Gehalts von Amazon. Außerdem ist ein weiteres Vorstandmitglied des dreiköpfigen Vorstandes von Bosch. Also mehrere sehr prominente Vertreter von Cyber Valley sind äußerst industrienah.

---

[239] Tagesspiegel 08.04.2019: https://background.tagesspiegel.de/ethik-waschmaschinen-made-in-europe

2. Fördern der besonders industrienahen Forscher: Bei Cyber Valley fließen riesige Geldbeträge, es geht um insgesamt weit über 100 Millionen Euro. Wer dort mitmachen darf, gewinnt selbstverständlich wissenschaftliche Reputation.

3. Maximale Intransparenz herstellen und/ oder Geheimhalten der Verbindungen zur Industrie: Alle Verträge sind geheim. Es herrscht vollkommene Nichttransparenz.

4. Gewünschte Ergebnisse sicherstellen: Das wird sehr schwer fallen, denn es gibt derart viele gute und renommierte Forscher im Cyber-Valley-Verbund, dass man aus Konzernsicht die Forschungsfragen und -ergebnisse insgesamt keinesfalls sicherstellen kann. Auf bestimmten Teilgebieten, die die Automobilunternehmen oder Amazon direkt betreffen, dürften die Konzerne versuchen, die Forschung in gewünschte Bahnen zu lenken oder unerwünschte Fragen nicht aufkommen zu lassen. Insbesondere der jährliche Amazon-Forschungspreis von 420.000 Euro dürfte zu nicht allzu Amazon-kritischer Forschung führen.

5. Confounder (Verwirrfaktoren) einführen und Fehlfährten legen: Angesichts der großen Vielfalt ausgezeichneter Forscher wird das bei Cyber Valley insgesamt kaum möglich sein. Die Automobilkonzerne und Amazon dürften jedoch hellwach werden, wenn die öffentliche Diskussion in eine für sie unangenehme Richtung abzudriften droht, wenn etwa Machtfragen von großen Internetkonzernen oder die niedrigen Steuerzahlungen von Amazon oder das Reduzieren des Individualverkehrs auf unseren Straßen als Gesellschaftsfragen aufkommen. Ich gehe davon aus, dass die Konzerne dann alle Hebel und Verbindungspersonen in Bewegung setzen, auch und gerade in Cyber Valley, um Verwirrfaktoren einzuführen und vom Thema abzulenken.

6. Verzögern politischer Gegenmaßnahmen, Paralyse durch Analyse: Das dürfte bei Cyber Valley insgesamt kaum relevant sein, dafür sind die Forschungsthemen viel zu weit. Aber wenn für Amazon oder die Auto-

mobilunternehmen unangenehme Gesetze drohen, werden die Konzerne alles daransetzen, diese zu verhindern oder zu verzögern. Dann sind gute Beziehungen zur Wissenschaft und die direkte Beteiligung an Cyber Valley Gold wert, um den Ruf nach der Notwendigkeit von mehr Forschung laut erschallen zu lassen und dadurch Paralyse durch Analyse zu betreiben. Schließlich hat jeder Industriepartner fast zwei Millionen Euro investiert und das Geld muss sich natürlich rentieren. Jeder Tag Gesetzesverzögerung bringt erfahrungsgemäß häufig Millionengewinne. Die Cyber Valley-Beteiligung kann dann gigantische Renditen bringen.

Der Dieselskandal

Auch der Dieselskandal ist eine mustergültige Anwendung des Sechs-Schritte-Schemas ins Verderben. Der Zusatz „ins Verderben" ist hier besonders zutreffend – ähnlich wie in der Tabakindustrie -, da durch den systematischen Diesel-Betrug und die vielen strukturellen Lügen zigtausende von Menschen ums Leben kamen und vermutlich Hunderttausende krankgemacht wurden.

1. Auswahl besonders vielversprechender, industrienaher Wissenschaftler: Es gibt sehr viele sehr industrienahe Hochschulwissenschaftler, die oft direkt aus den Autokonzernen kommen. Auch bei der von mehreren Automobilkonzernen gemeinsam ins Leben gerufenen Forschungsgesellschaft EUGT („Europäische Forschungsvereinigung für Umwelt und Gesundheit im Transportsektor") erfolgte die Auswahl der Wissenschaftler ganz offensichtlich nach Industrienähe. Auch die zahllosen von der Autoindustrie finanzierten Doktoranden sorgen dafür, dass sich junge, vielversprechende Nachwuchswissenschaftler mit konzernwohlwollenden Fragestellungen rund ums Auto beschäftigen.

2. Fördern der besonders industrienahen Forscher: Es gibt zahlreiche mit der Automobilindustrie kooperierende Hochschulinstitute, die von Konzernaufträgen abhängen. Die großzügige finanzielle Ausstattung, Einrichtung von Laboren, Lehrstühlen, Forschungsinstituten und so weiter ermöglicht vielen industrienahen Wissenschaftlern gute Karrierechancen und große Wirksamkeit in der Öffentlichkeit.

3. Maximale Intransparenz herstellen und/ oder Geheimhalten der Verbindungen zur Industrie: Meines Wissens werden die Kooperationsverträge der mit der Automobilindustrie zusammenarbeitenden Hochschulinstitute nicht veröffentlicht. Auch die EUGT versuchte bei ihren Aktivitäten maximale Intransparenz herzustellen.

4. Gewünschte Ergebnisse sicherstellen: Beim Dieselskandal hat das übliche Arbeiten mit Viertel- oder Zehntelwahrheiten nicht ausgereicht. Hier musste zur offenen Lüge gegriffen werden, um doch noch die gewünschten gewinnsteigernden Aussagen herzubekommen. Die EUGT hat Ergebnisse verbogen und verfälscht, um die erwünschten Ergebnisse zu erhalten. Das Dieselbeispiel zeigt beeindruckend, dass Konzerne im Zweifelsfall alles tun, um die gewünschten Ergebnisse sicherzustellen.

5. Confounder (Verwirrfaktoren) einführen und Fehlfährten legen: Das wurde im Dieselskandal ausgiebig praktiziert. Autofreundliche Wissenschaftler, ob in Universitäten, in der EUGT oder in den Autokonzernen selbst, versuchten, die Aufmerksamkeit beispielsweise auf Heizungsemissionen in den Innenstädten zu lenken; oder auf Felgenverschleiß von Fahrrädern, die beim Bremsen drei bis vier Milligramm Metalloxide abgeben, „während der Partikelausstoß aus dem Auspuff eines Diesels bei 0,2 bis 0,5 Milligramm" liege. Das sind gute Confounder, echte Verwirrfaktoren. Die stiften wirklich Verwirrung und lenken so von den relevanten Fragestellungen ab. Und das sollen sie auch.

6. Verzögern politischer Gegenmaßnahmen, Paralyse durch Analyse:
Gesetzliche Gegenmaßnahmen möglichst lange zu verhindern, war bei
den Dieselemissionen ganz besonders wichtig. Insbesondere galt es, die
für die Autohersteller sehr teuren Kat-Nachrüstungen zu verhindern. Jeder Tag Verzögerung gesetzlicher Vorgaben brachte Millionen Euro Ertrag. Das Forschungsvehikel der Autokonzerne (wie geht der Satz weiter?), die EUGT unternahm daher alles, um neutrale und unabhängige
Ergebnisse über die Schädlichkeit von Abgasen durch Gegenstudien in
Zweifel zu ziehen. So werden im Prinzip bis heute wirkungsvolle Gesetze
wie abgasarme Innenstädte, Citymaut, hohe Innenstadt-Parkplatzge-
bühren bzw. Reduzierung von Parkplätzen in den Innenstädten, PS-
Steuer, niedrigeres Tempolimit bzw. Tempolimit auf Autobahnen und
so weiter erfolgreich verhindert. Zu Lasten unserer Gesundheit und vor
allem der unserer Kinder.

Freie Bahn dem Industriesponsoring an unseren Hochschulen! – Ein Denkfehler

Nachdem uns nun das Sechs-Punkte-Schema in Fleisch und Blut übergegangen ist, wollen wir einmal den folgenden Gedanken zu Ende denken: Was könnte geschehen, wenn wir die Hochschulforschung ganz liberalisieren? Also wenn wir aufhören zu zaudern und zu zögern, aufhören, ständige Bedenken gegen Industriegelder ins Feld zu führen, sondern uns endlich dazu aufrafften, Industriegelder als einen Segen zu begreifen, der unsere Hochschulforschung mit Siebenmeilenstiefeln voranbringt, sodass wir endlich unsere Breiten- aber insbesondere auch unsere Spitzenforschung deutlich ausbauen können? Also: fort mit den Bedenken, freie Fahrt für unlimitiertes Industriesponsoring auf allen Ebenen für unsere Hochschulen!

Um diesen Gedanken zu Ende zu denken, wollen wir einen Blick auf ein paar Finanzzahlen werfen. Alle etwa 430 deutschen Hochschulen zusammen hatten 2018 Forschungsausgaben von insgesamt 18,6 Milliarden Euro.[240] Zum Vergleich: Daimler hatte am 31.12.2019 liquide Mittel von 18,3 Mrd. Euro in der Kasse[241], also ziemlich genau den gleichen Betrag. Dazu kommt bei Daimler eine freie Banklinie in Höhe von 11 Milliarden Euro, die jederzeit in Anspruch genommen werden kann.[242] Daimler verfügt also über insgesamt 29,3 Milliarden Euro liquide Mittel. Das ist mehr als das Eineinhalbfache des Jahresforschungsbudgets <u>sämtlicher</u> deutscher Hochschulen. Daimler allein könnte folglich mehr als eineinhalb Jahre lang die <u>gesamte Forschungsfinanzierung sämtlicher</u> deutscher Hochschulen übernehmen. Der finanzielle Muskel von

---

[240] Statistisches Bundesamt, 2020 (erschienen 24.2.2020), Finanzen und Steuern, Fachserie 14, Reihe 3.6, S.10
[241] Daimler Geschäftsbericht 2019, S.226
[242] Daimler Geschäftsbericht 2019, S.84

Daimler ist also größer als der sämtlicher deutscher Hochschulen zusammen.

Nun ist Daimler mit einer Marktkapitalisierung, das heißt einem Börsenwert des Gesamtunternehmens von etwa 38 Milliarden Euro am 1.7.2020[243] im Vergleich zu anderen börsennotierten Unternehmen beinahe ein Zwerg. Die Unternehmen Apple, Microsoft, Alphabet oder Amazon kosten jeweils mehr als das Zwanzigfache von Daimler an den Aktienbörsen. Nimmt man zu diesen vieren noch Facebook dazu, so hatten diese big five in einem Jahr (4.Quartal 2018 bis 3.Quartal 2019) einen freien Cash Flow von etwa 160 Milliarden Dollar.[244] Nochmal zum Vergleich: Die Forschungsausgaben sämtlicher deutscher Universitäten und Fachhochschulen betrugen 2018 18,6 Milliarden Euro. Allein die big five high-tec Riesen der USA könnten also mit ihrem freien Cash Flow sieben Mal so viel <u>pro Jahr</u> für Forschung ausgeben wie alle deutschen Hochschulen zusammen. Anders ausgedrückt: Wenn nur ein kleines Rinnsal der Cash Flows dieser fünf großen Unternehmen, etwa ein Siebtel, in die deutsche Forschungslandschaft flössen, könnten sie die gesamte deutsche Hochschulforschung übernehmen.

Wirft man einen Blick auf die hinter den Großunternehmen steckenden Multimilliardäre, die als Mäzene der Hochschulforschung auftreten können (und dies teilweise auch tun), so zeigt sich Folgendes. Die fünf reichsten US-Amerikaner, Jeff Bezos, Bill Gates, Warren Buffet, Larry Ellison und Mark Zuckerberg, verfügten im März 2020 über 392 Milliarden Dollar.[245] Diese fünf Menschen könnten also etwa 20 Jahre lang die <u>gesamten</u> Forschungsausgaben <u>aller</u> deutschen Hochschulen übernehmen.

---

[243] https://finance.yahoo.com/quote/DAI.DE/ Stand 2.7.2020
[244] Economist 17.1.2020
[245] https://www.statista.com/statistics/201426/the-richest-people-in-america/ Stand 1.7.2020

Ich denke, diese Zahlenvergleiche zeigen, wie absurd der Gedanke ist, den Geldern aus der freien Wirtschaft freien Lauf in die deutschen Universitäten zu lassen. Die Geld-Machtverhältnisse sind so absurd einseitig, dass jegliche freie, unabhängige Forschung dann zum Erliegen käme. Der Slogan „Freie Bahn dem Industriesponsoring" bzw. die Forderung nach mehr Freiheit für Industriegelder an deutschen Universitäten baut auf einem Denkfehler auf. Er berücksichtigt nicht die realen Machtverhältnisse. Wenn wir den Zahlungsstrom aus der Wirtschaft in die Hochschulen liberalisieren würden, würde die gesamte deutsche Hochschullandschaft mit Leichtigkeit aus der Portokasse der Konzerne oder ihrer Privateigentümer überflutet. Das wäre das Ende der freien, unabhängigen Forschung in Deutschland und würde, wenn man die obigen Beispiele zu Ende denkt, den Menschen dramatisch schaden.

Wie dabei die Vorgehensweise sein könnte, kann der oben geschilderte Kauf des Ethikinstituts an der TU München durch Facebook sehr gut illustrieren. Große internationale Unternehmen oder deren Eigentümer picken sich deutschlandweit die vielleicht 5.000 bzw. 10 Prozent der am stärksten durch industriefreundliche Ansichten auffallenden Professoren heraus. Diese 5.000 Professoren werden nun, wie Prof. Christoph Lütge von der TU München, mit jeweils 7,5 Millionen Dollar beglückt. Das entspricht etwa dem 25-Fachen des durchschnittlich eingeworbenen Drittmittelbetrages pro Professor von 266.000 Euro.[246] Die Gesamtkosten dafür würden sich auf 37,5 Milliarden Dollar summieren. Das sind etwa 10 Prozent des Gesamtvermögens der oben genannten fünf reichsten US-Amerikaner oder nicht ganz ein Viertel des freien Cash Flows der big five US tec companies eines Jahres. Diese 5.000 Professoren könnten damit eine wahre Armada an Forschungsteams einstellen und eine Flut an Veröffentlichungen auslösen, die die Publikationen sämtlicher anderen Professoren gänzlich in den Schatten stellt.

---

[246] https://www.destatis.de/DE/Presse/Pressemitteilungen/2019/09/PD19_345_213.html Stand Juni 2020

Damit wäre die deutsche Forschungslandschaft ziemlich gut unter Kontrolle gebracht.

Was ich mit diesen Berechnungen zeigen will: Es wäre für große Konzerne oder einige wenige Multimilliardäre ein Kinderspiel, einen Großteil der gesamten deutschen Hochschulforschung in ihre Hand zu bekommen, wenn man diesen Interessen freie Bahn ließe. Der Gedanke, Industriegeldern freie Bahn in unsere Universitäten zu lassen, ist ein Denkfehler und würde unserem Land zutiefst schaden. Wenn wir die freie Forschung nicht schützen, kann sie mit Leichtigkeit zerstört werden. Wenn wir uns nicht bewusstwerden, welch kostbares Gut wirklich freie, unabhängige Forschung ist, kann sie uns sehr leicht und sehr schnell entrissen werden.

Transparenz

Die oben sowie früher geschilderten Fallbeispiele von Industriekooperationen mit Hochschulen haben praktisch alle eines gemeinsam: Es herrscht immer perfekte Intransparenz. Die Verträge werden nie veröffentlicht. Das ist ein großer Fehler. Im Dunkeln ist gut Munkeln. Solange unabhängige Dritte die Verträge nicht einsehen können, solange ist der interessengeleiteten Einflussnahme durch die Geldgeber Tür und Tor geöffnet. Eine Abhilfe wäre ganz einfach: Ein verpflichtendes Transparenzregister: Jeder Kooperationsvertrag kommt ins Internet. Der Einwand, dadurch würden Betriebsgeheimnisse veröffentlicht und daher die Wettbewerbsfähigkeit beeinträchtigt, ist ein interessegeleiteter Vorwand, der schlichtweg nicht stimmt, er ist eine objektive Unwahrheit. Wettbewerbskritische Textpassagen können problemlos geschwärzt werden. Die beteiligten Partner _wollen_ keine Transparenz, weil dann die Einflussnahme der Geldgeber erschwert wird. Das ist der wahre Grund.

Das Märchen vom Rufschaden

Immer wieder wird argumentiert, Unternehmen könnten es sich gar nicht leisten, zu lügen oder zu betrügen, Wissenschaft zu korrumpieren, Universitätsforscher unter Druck zu setzen, gesetzeswidrige Kooperationsverträge abzuschließen oder auf andere Art und Weise Wissenschaft zu manipulieren. Viel zu groß sei die Sorge vor Markt- oder Staatssanktionen. Zum einen bestehe die Gefahr eines irreparablen Rufschadens[247], der zu Kundenunzufriedenheit und Umsatzeinbrüchen führen könne[248], zum anderen könnte der Staat empfindliche Strafen verhängen. Schon die Androhung solcher Sanktionen, allein schon die Möglichkeit, dass der Markt über Rufschäden und der Staat über empfindliche juristische Strafen reagieren könne, würde ein unlauteres Verhalten der Unternehmen verhindern. Der funktionierende Markt und eine funktionierende marktwirtschaftliche Ordnung seien also der beste Garant gegen den Missbrauch von Wissenschaft durch die Wirtschaft.[249] Darüber hinaus brauche man nichts zu machen, insbesondere keine Gesetze, Verbote oder Transparenzvorschriften. Freiwillige Verhaltenskodizes, (codes of conduct), Selbstverpflichtungserklärungen seien vollkommen ausreichend in einer funktionierenden Marktwirtschaft und einem funktionierenden Rechtssystem.

Diese Argumentation ist vollkommen weltfremd und hat so gut wie nichts mit der Wirklichkeit zu tun. In unserem 2019 erschienenen Buch

---

[247] „Reputationskapital ist mühsam aufzubauen, aber ruck zuck weg, wenn man einen Fehler macht" (Josef Wieland), Roman Herzog Institut Jahressymposium 2011, RHI 2012, S.12

[248] Vor allem „naming and shaming" in den sozialen Medien wird immer wieder als enorm wirksame Drohung erwähnt, z.B. Lyon/ Montgomery 2015

[249] Lütge/ Uhl 2018, S.41 behaupten etwa, dass der der Missbrauch von Machtpositionen durch die Marktkräfte „systematisch begrenzt" wird. Das ist völlig absurd.

„Blenden Wuchern Lamentieren" haben Heinz Siebenbrock und ich das anhand vieler Beispiele herausgearbeitet.[250] Der Grund dafür ist einfach. Es gibt heute eine solche Fülle von unethischen und rechtlich fragwürdigen Handlungen der Konzerne, dass es vollkommen unmöglich und sinnlos ist, sie alle verfolgen oder gar sanktionieren zu wollen. Es gibt derart viele Möglichkeiten, zu Boykotten aufzurufen, dass schon durch die schiere Masse keine ernstzunehmende Gefahr mehr bei einzelnen Verstößen besteht.[251] Aus Konzernsicht löst sich das Boykott-Problem einfach durch Überflutung, ähnlich wie bei den mittlerweile zahllosen Unterschriftenaktionen gegen oder für alles und jedes. Daher können die Konzerne beruhigt auf das kurze Gedächtnis der Konsumenten vertrauen. Was bleibt uns Konsumenten angesichts der Flut an Aufregungen und Empörungswellen, die regelmäßig durch die Medien ziehen auch anderes übrig?

Das Gleiche gilt für staatliche Sanktionen. In der Regel kommen sie entweder gar nicht, sehr spät oder viel zu niedrig, um ernsthaft weh zu tun. Die allermeisten Politiker wagen es nicht, sich mit den mächtigen Konzernen anzulegen. Zu groß ist die Angst vor drohenden Arbeitsplatzabzügen oder dem Verlust von Parteispenden. Die Machtverhältnisse sind ganz klar geregelt.

---

[250] Vgl. Kreiß/ Siebenbrock 2019, BWL S170ff.
[251] SVZ 14.1.2017: https://www.svz.de/deutschland-welt/panorama/die-banane-wird-ueberschaetzt-id15820431.html: „Heute gibt es Seiten im Internet, da können Sie sich aussuchen, wen Sie boykottieren wollen", sagt Gerth [ein führender wirtschaftshistorischer Forscher zu Boykotten]. „Einen Grund gibt es immer."

Abhilfen

Das Ziel: Was wir wirklich bräuchten

Um eine wirklich für alle gedeihliche Wissenschaftslandschaft zu bekommen, sollten wir uns klarmachen, was unser Leitfaden, unsere Richtschnur sein, wie unser Kompass aussehen sollte. Dieser Leitstern ist die freie Selbstverwaltung, die freie Selbstorganisation unserer Hochschulen. Unsere Hochschulen und unsere Hochschulforschung sollten so frei und unabhängig wie nur irgend möglich sein. Ein Blick in die Geschichte Europas und der westlichen Welt zeigt, dass die Hochschulfreiheit von drei Seiten gefährdet war: durch Übergriffe der Kirchen, des Staates und der Industrie.

Die Hochschulen haben sich im Laufe der letzten Jahrhunderte mühsam dem Zugriff der Kirchen entzogen. Das war schwierig, ist aber gelungen. Was bleibt ist die Gefahr vor Übergriffen durch Staat und Wirtschaft. Die Geschichte des 19. und 20. Jahrhunderts ist voll von Staatsübergriffen: Diktaturen aller Couleur hatten immer das allergrößte Interesse daran, sofort die Schulen und die Hochschulen auf die gewünschte Parteilinie zu bringen. Lehrer und Hochschullehrer wurden immer ganz besonders intensiv aussortiert, umerzogen und eingeschworen. Auch im 21. Jahrhundert gibt es noch die berechtigte große Sorge vor Staatsübergriffen, wie der March für Science 2017 eindrucksvoll zeigt. Die umfangreichen, durch Ministerialbürokratien in Zusammenarbeit mit Industrielobbyisten ausgewählten Drittmittelprogramme in unserem Land sprechen auch eine deutliche Sprache. In den letzten 20 Jahren hat der Staatseinfluss auf die deutsche Forschungslandschaft massiv zugenommen. Das war ein ganz großer Fehler.

Kurz: Die einzige Art, wie Wissenschaft wirklich erblühen kann, ist in Freiheit. Das geht nur in wirklich freien, unabhängigen Hochschulen (das Gleiche gilt übrigens auch für Schulen). Die Finanzierung muss streng getrennt sein von den Inhalten. Die Finanzierung sollte über öffentliche Gelder erfolgen, aber es darf keine inhaltlichen Vorgaben geben. Der Staat ist nicht nur ein miserabler Wirtschafter, wie die Sowjetunion oder die DDR eindrucksvoll gezeigt haben, sondern auch ein miserabler Lehrer. Wirklich gute Lehre und Forschung können nur aus völlig freier Selbstverwaltung entspringen. Nur dann können die Forscher und Lehrer mit Herzblut, innerer Motivation und Engagement forschen und unterrichten. Strenge Lehrpläne sind beispielsweise der Tod jeder Lehrermotivation.

Hier kann natürlich sofort der Vorwurf kommen, das werde zu Wirklichkeitsfremdheit und Elfenbeinturm-Forschung führen. Das halte ich für ausgeschlossen, im Gegenteil. Nur wenn die Hochschulforscher ausreichende Finanzmittel haben und wirklich frei sind, können sie auf Augenhöhe mit der Industrie Kooperationen eingehen. Und das geschieht auch, wie zahllose Beispiele der letzten Jahrzehnte zeigen. Auch dort, wo die Hochschulforscher wirklich (finanziell) frei und unabhängig waren, fand in großem Umfang ständig Austausch mit Industrie-Forscher-Kollegen und mit internationalen Forscher-Kollegen statt. Das ist auch heute noch so. Ein wirklich innerlich, intrinsisch motivierter Forscher und Lehrer ist neugierig und fragt überall nach, wo er nur kann. Extrinsische Forschung und Lehre sind langfristig der Untergang aller wirklichen Wissenschaft. Der Vorwurf der Weltfremdheit oder des Elfenbeinturms wird von interessierter Seite häufig nur vorgeschoben, um die Einfallstore für wissenschaftsfremde Interessen zu öffnen.

Also: Das Ziel, das in diesem Buch verfolgt wird, sind wirklich freie und unabhängige Hochschulen (das Gleiche gilt auch für Schulen). Alle externen Interessen, die Macht benutzen statt Argumente, müssen außen vor gelassen werden. Es dürfen nur Argumente zählen. Einfluss über Macht kann entweder durch Geld oder durch staatliche Anweisungen kommen. Beides muss also ausgeschlossen werden. Damit haben wir unseren Kompass, wie wir zu einer blühenden Forschungslandschaft, zu blühender Wissenschaft kommen können, einer Wissenschaft, die wirklich allen Menschen im Lande dient und nicht kleinen Machteliten.

Richtige Finanzierung

Staatliche Grund- statt Drittmittelfinanzierung

Die unabhängige Finanzierung der deutschen Hochschulen wäre absolut simpel herzustellen. Das Geld ist ja heute bereits da. Es wird aber zu einem immer größeren Teil vom Staat nicht frei, sondern unfrei, gebunden, in Form von Drittmitteln, den Hochschulen zur Verfügung gestellt. Dadurch wird unmittelbarer staatlicher Zwang auf die Hochschulforschung ausgeübt. Wie in Teil I gezeigt, hat sich die öffentliche Hochschulfinanzierung in Deutschland in den letzten 20 Jahren dramatisch verschoben. Der Anteil staatlicher Drittmittel und damit die unmittelbare Einmischung des Staates in die Hochschulforschung haben ungeheuer zugenommen. Warum mischen sich der Staat, die Ministerialbürokratien immer stärker ganz unmittelbar in die Forschungsinhalte ein? Mit welchem Recht maßen sich Ministerialbürokratien oder Minister an, besser zu wissen, worüber in unserem Land geforscht werden soll als 50.000 Professoren? Ich halte das für einen schlimmen Irrweg. Die Geschichte des 19. und 20. Jahrhunderts zeigt unübersehbar, was geschieht, wenn Regierungen die Forschungshoheit an sich reißen: der Untergang der freien Forschung. Leid und Elend für die Menschen.

Also: Weg mit den staatlichen Drittmitteln. Gebt das Geld direkt, frei, ungebunden, ohne Auflagen und ohne Staatszwang an die Hochschulen. Dann wird die Forschung erblühen.

Finanzierung der Hochschulen durch ein Voucher-System

Langfristig wäre ein Voucher-System in meinen Augen der mit Abstand beste Weg für die Hochschulfinanzierung: Jeder Studierende bekommt von der öffentlichen Hand einen „Gutschein", einen „Scheck" für sein Studium und sucht sich die Hochschule, an der er studieren will, frei heraus. Die Hochschule löst den Scheck oder Gutschein ein und finanziert sich daraus. Dadurch würden Finanzierung und Inhalte vollständig getrennt. Es gäbe keinerlei Möglichkeit mehr für Staatsbürokratien, auf Hochschulen Einfluss zu nehmen. Das wäre die ultimative Befreiung der Hochschulen.

Ein Gutschein-System hätte langfristig zur Folge, dass sich neue Hochschulen frei gründen könnten. Einzige gesetzliche Vorgaben wären: Hochschulen müssen auf dem Boden unseres Grundgesetzes stehen und dürfen keine gewinnmaximierenden Institutionen sein. Es dürfen also nur beispielsweise gGmbHs zugelassen werden, gemeinnützige GmbHs oder analoge Rechtsformen, die die Gewinnentnahme von Einzeleigentümern verhindern.

Dadurch würde ein Wettbewerb unter den Hochschulen einsetzen und diejenigen mit den besten Forschern und den besten Lehrern würden sich durchsetzen. Denn die Studierenden können mit den Füßen, genau genommen mit der Immatrikulation abstimmen. Staatliche, bürokratische Vorschriften oder gar Akkreditierungen sind dann nicht mehr nötig. Am Rande sei gefragt: Mit welchem Recht maßt sich der Staat eigentlich an, Hochschulen zu akkreditieren?

Also: Gutscheinsystem und freier Wettbewerb um die geistigen Entwicklungen, freier Wettbewerb um die beste Forschung, um die beste Lehre. Dann würden Forschung, Wissenschaft und Lehre in unserem Lande erblühen zum Wohle <u>aller</u> Menschen.

Transparenz: Alle Kooperationsverträge zwischen Hochschulen und Dritten ins Internet

Solange unser Hochschulfinanzierungssystem so ist, wie es derzeit ist, wäre die allermindeste Maßnahme zur Verhinderung von Einflussnahme durch Dritte auf unsere Hochschulforschung <u>vollkommene Transparenz</u> zu <u>allen</u> Hochschulkooperationen mit Dritten. Alle Kooperationsverträge gehören ins Internet. Betriebsgeheimnisse betreffende Passagen können selbstverständlich geschwärzt werden. Der Einwand gegen die Veröffentlichung von Kooperationsverträgen, dadurch würden Betriebsgeheimnisse öffentlich gemacht, ist daher nur ein billiger Vorwand, um in Ruhe im Trüben fischen zu können.

Vollkommene Transparenz geht nicht ohne Vorgabe des Bundes. Transparenz kann nicht Ländersache sein, sonst gibt es den oben beschriebenen Wettlauf um immer schlechtere Transparenzstandards. Denn die Hochschulen in den Bundesländern mit den geringsten Transparenzstandards ziehen die meisten Industriegelder an. Die TU München wäre meiner Einschätzung nach niemals die Kooperation mit Facebook eingegangen, wenn die Verträge von Anfang an der Öffentlichkeit zugänglich gemacht worden wären, anstatt durch einen whistleblower bekannt zu werden. Denn der kurze Vertrag, der „Gift-Letter", zeigt ja jedem Laien, wie hier ein grundgesetzwidriger Übergriff auf die TU-Forschung durch Facebook stattfindet.

Also: Vollkommene Transparenz als Vorgabe eines Bundesgesetzes, alle Kooperationsverträge von deutschen Hochschulen mit Dritten gehören ins Internet.

Gremien

Sehr viele Gremien, die mit Wissenschaft zu tun haben, sind sehr einseitig durch Interessenvertreter besetzt und nehmen dadurch ungebührlichen Einfluss auf die Wissenschaft. Derartige Gremien gehören fair, paritätisch, die wirklichen gesellschaftlichen Bedürfnisse widerspiegelnd besetzt. Dem arbeiten Lobbyinteressen massiv und in den letzten Jahren immer stärker entgegen.

Hochschulräte plural besetzen statt einseitig industrielastig

Ein Blick in viele Hochschulräte zeigt, dass dort bei den außeruniversitären Vertretern häufig eine ungeheure Bevorzugung von Industrievertretern besteht.[252] In manchen Landesgesetzen steht sogar, dass in die Hochschulräte Industrievertreter zu schicken sind. Andere Gesellschaftsvertreter werden nicht genannt. Das ist ganz schlecht für die Forschung und für unser Land und gehört dringend geändert. In die Hochschulräte gehören außer Industrievertretern ebenso echte Repräsentanten der Bürger, beispielsweise Vertreter von Verbraucherschutz- und Umweltschutzverbänden, Gewerkschaftsvertreter, Kirchen und NGOs und vor allem Vertreter von Anti-Lobbyorganisationen wie Lobbycontrol oder Hochschulwatch. Politische Parteien einzubeziehen wäre vermutlich falsch, denn diese haben über die Regierungsorgane ohnehin einen übermächtigen Einfluss auf die Hochschulforschung.

---

[252] Vgl. Kreiß 2015, Gekaufte Forschung

Entscheidungsgremien in der Ministerialbürokratie

Die Zustände in den Entscheidungsgremien innerhalb der Ministerialbürokratien, seien es die der Länder oder des Bundes, schreien in ihrer Unausgewogenheit und Bevorzugung der Großkonzerne zum Himmel.[253] Die Besetzung müsste selbstverständlich auch hier analog der obigen Empfehlungen für die Hochschulräte erfolgen. Angesichts der massiven Lobbyunterwanderung auf Bund- und Länderebene können wir darauf allerdings vermutlich leider lange warten. Besonders wertvoll ist hier die Arbeit von Lobbycontrol oder Hochschulwatch, die diese Missstände immer wieder ansprechen, auch wenn diese Organisationen bislang viel zu klein und ohnmächtig sind. Sie müssten ganz dringend gestärkt werden und deren Vertreter in die Ministerialbürokratien gesandt werden.

Zulassungs- und Genehmigungsbehörden

Dieses Thema möchte ich hier nur ganz kurz andeuten, oben wurde lediglich die Ständige Impfkommission (STIKO) am Robert Koch Institut (RKI) in Berlin erwähnt, die meiner Meinung nach zu mehr als 25 Prozent von Impfindustrievertretern, die dort nichts zu suchen haben, durchsetzt ist. Bei der Besetzung dieser Gremien liegen häufig äußerst bedenkliche Einseitigkeiten vor. Sie werden häufig stark von Lobbyvertretern unterwandert. Dadurch werden beispielsweise Zulassungen für Medikamente oder Pestizide ermöglicht, die bei ehrlicher und ausgewogener Besetzung dieser Gremien und bei ehrlicher Abwägung von Nutzen und Gesundheitsschäden niemals zustande kämen. Als Beispiele seien hier Glyphosat[254] und diverse Medikamente[255] genannt. Es

---

[253] Vgl. Kreiß 2015, Gekaufte Forschung
[254] Vgl. Burtscher-Schaden 2017
[255] Vgl. Kreiß 2015, Gekaufte Forschung

gibt den bei vielen Menschen weitverbreiteten Irrtum, dass Medikamente, genveränderte Lebensmittel, Pestizide usw. gesundheitlich unbedenklich seien, weil sie von staatlichen oder supranationalen amtlichen Zulassungsbehörden (beispielsweise der EU) geprüft und erlaubt wurden. Das ist ein Irrglaube. Diese Behörden sind teilweise so stark von Industrielobbyisten durchsetzt, dass man häufig nicht auf Ehrlichkeit im Zulassungsverfahren vertrauen kann. Eine besonders unrühmliche, sprich unehrliche Rolle spielte beispielsweise das Bundesinstitut für Risikobewertung (BfR) bei der Evaluierung der Gesundheitsrisiken von Glyphosat. Das Gleiche gilt für das US-amerikanische Cancer Assessment Review Committee CARC.[256]

Supranationale Organisationen

Auch bei vielen supranationalen Organisationen wie der WHO gibt es starken direkten und indirekten Lobbyeinfluss, sodass auch deren Empfehlungen und Studien nicht immer objektiven wissenschaftlichen Erkenntnissen folgen, sondern irreführend zu Gunsten mächtiger Geldgeber sein können.[257] Eine besonders unrühmliche Rolle spielten bei der Evaluierung der Gesundheitsrisiken von Glyphosat die Europäische Lebensmittelbehörde EFSA – die EFSA ist fast ganz in der Hand der Großkonzerne - sowie das industriefinanzierte International Life Sciences Institute (ILSI).[258]

---

[256] Vgl. Glyphosat und Krebs, März 2017 von Helmut Burtscher-Schaden, Peter Clausing and Claire Robinson
[257] Im Rahmen der Covid 19-Diskussionen wurde immer wieder die große Rolle der Bill und Melinda Gates Stiftung bei der WHO angeführt
[258] Vgl. Glyphosat und Krebs, März 2017 von Helmut Burtscher-Schaden, Peter Clausing and Claire Robinson

Fazit zum Thema nationale und internationale Gremien

Es ist ein großer Irrtum, zu glauben, dass amtliche Entscheidungsgremien und Behörden auf nationaler wie auf internationaler Ebene im Sinne des Gemeinwohls entscheiden. Hochschulräte, Ministerialgremien, nationale und supranationale Zulassungs- und Genehmigungsbehörden sind sehr häufig einseitig direkt und indirekt von Lobbyvertretern durchsetzt und erhalten häufig Zahlungen aus der Industrie. Die Entscheidungen der Gremien fallen daher meist zu Gunsten einer kleinen Minderheit aus und zu Lasten der Allgemeinheit. Insbesondere ist es ein großer Irrtum, darauf zu vertrauen, dass amtlich zugelassene Medikamente, Pestizide oder andere Produkte tatsächlich nicht gesundheitsgefährdend sind.

Keine kommerzielle Werbung an Hochschulen und Schulen

Kommerzielle Werbung aller Art hat nichts an Hochschulen und Schulen zu suchen. Wissenschaftliche Studien zeigen immer aufs Neue, dass selbst kleine Werbegeschenke bei Studierenden starke Auswirkungen auf das spätere Verhalten haben. Daher sollte kommerzielle Werbung aller Art an Hochschulen und Schulen schlichtweg verboten sein. Ein „Hörsaal Aldi Süd", ein e@syCredit Hörsaal, „AULA Aachener und Münchener Halle" usw. sind ein Unding und gehören sofort abgeschafft. Das Gleiche gilt für gesponsertes Hochschul- und Schulmaterial. Industriegesponserte Lehr-Materialien aller Art für Schulen oder Hochschulen sollten schlichtweg verboten sein.

Zusammenfassung und Schluss

In Deutschland ist momentan etwa ein Sechstel der gesamten Forschung frei, fünf Sechstel sind weisungsgebundene Forschung, der größte Teil davon im Dienste der Industrie, ein kleinerer Teil durch detaillierte staatsbürokratische Vorgaben. Anders ausgedrückt: Von den gut 700.000 Menschen, die in Deutschland forschen (Vollzeitäquivalente) können weit über 500.000 NICHT ihren eigenen Forschungsfragen nachgehen, sondern bekommen Vorgaben von der Konzernleitung oder anderen Stabsstellen, worüber sie zu forschen haben: In den allermeisten Fällen geht es dabei um die Frage, wie die Gewinne maximiert werden können und nicht darum, was gut für Land und Leute ist. Selbst an den staatlichen Hochschulen steht nur mehr etwa jeder zweite Forschungseuro für freie Forschung zur Verfügung, die andere Hälfte wird über Drittmittelgeber vorgeschrieben. Also selbst an den Universitäten und Fachhochschulen kann nur mehr etwa jeder zweite Professor frei forschen und jeder zweite forscht über das, was mit dem Drittmittelgeber vereinbart wurde. Die freie Forschung hat in den letzten etwa 30 Jahren in Deutschland stark abgenommen.

Nur mehr ein Sechstel freie Forschung in unserem Land. Das ist nicht gerade viel. Wo ist das Problem? Das Problem ist, dass der allergrößte (und in den letzten Jahren immer weiter steigende) Teil der Forschung im Dienste der Gewinnmaximierung steht. Gewinnmaximierung und Wahrheit haben aber nichts miteinander zu tun, im Gegenteil. Je stärker die Gewinnorientierung der Forschung, umso schlimmer die Ergebnisse für Land und Leute, wie das Beispiel Dieselskandal beeindruckend zeigt (aber auch viele Dutzend weitere Beispiele). Wenn es in der Großindustrie zu einem Zielkonflikt zwischen Gewinn und Wahrheit kommt, siegt praktisch immer der Gewinn. Konkret: Wenn die Wahrheit gesagt wird, dass Dieselemissionen ungesund sind und nicht unter ein gewisses Mindestmaß reduziert werden können, dann führt man eine Lügensoftware ein, die scheinbar das Gegenteil zeigt. Der Dieselskandal hat Zigtausende Menschenleben gekostet – aber die Gewinne der Autokonzerne dramatisch erhöht. Wenn dieses Industrieprinzip – Gewinn vor Wahrheit - in unsere Universitäts- und Fachhochschulforschung einzieht, was es seit mehreren Jahrzehnten ganz massiv tut, dann ist das in größtmöglichem Maße schädlich für Mensch, Tier und Umwelt.

Ein anderer Klassiker ist die Zigarettenindustrie, die jahrzehntelang über (stillschweigend) gekaufte und gefälschte, scheinbar unabhängige Universitätsforschung „wissenschaftlich bewiesen" hat, dass Rauchen oder Passivrauchen gar nicht wirklich gesundheitsschädigend ist. Das hat die Gewinne um <viele hundert Milliarden Dollar erhöht und Millionen Menschen den vorzeitigen Tod gebracht und noch viel mehr Menschen Krankheit und Leid. Die Gesundheitsfolgen sind den Konzernlenkern bzw. den großen Aktionären dahinter normalerweise reichlich egal, Hauptsache die Rendite stimmt. Aber nicht nur die Auto- oder Tabakindustrie arbeiten nach diesem Prinzip, sondern viele, wenn nicht alle großen Industriezweige. Besonders prominent ist die Pharmaindustrie, wo das Prinzip Gewinn vor Wahrheit seit Jahrzehnten die Grundmaxime ist und wo man buchstäblich über Leichen geht, um die Gewinne zu erhöhen. Aber auch aus der Chemieindustrie (Stichwort Glyphosat, Holzschutzmittel, Dioxin) und der Lebensmittelindustrie (Big Food, Big Sugar), gibt es viele Beispiele für korrumpierte Forschung, ebenso aus der Medienindustrie und vielen vielen anderen Branchen. Es gilt letztlich für alle nach dem Gewinnmaximierungsprinzip arbeitenden Konzerne. Gewinnmaximierung ist der Tod aller unabhängigen Wahrheitsfindung. In dem Maße, in dem gewinnmaximierende Konzerne über Geld- oder Lobbykanäle Einfluss auf unsere Hochschulforschung gewinnen, in dem Maße wird die Forschung korrumpiert und meistens für uns schädlich. Und genau das geschieht in den letzten Jahrzehnten in immer größerem Umfang.

Daher wird in diesem Buch an Hand von fünf Fallbeispielen, an denen ich teilweise konkret beteiligt war, herausgearbeitet, wie dieses wahrheits-schädigende System konkret funktioniert: Facebook TU-München, Cyber Valley, Dieselskandal, TU München – Lidl, Uni Mainz - Boehringer Ingelheim Stiftung zeigen, wie Gewinninteressen aus der Industrie Einzug in unsere Universitäten halten und dadurch die Forschung auf eine schiefe Bahn bringen.

Ein besonders wichtiger Schlüssel zum Verständnis der Methode ist dabei das „Sechs-Punkte-Schema" oder die „Sechs Schritte ins Verderben", das von der Tabakindustrie in jahrzehntelanger mühsamer Kleinarbeit entwickelt wurde und heute fast flächendeckend von den meisten gewinnmaximierenden Konzernen oder ganzen Industriebranchen eingesetzt wird. Es sind folgende Schritte:

1. Auswahl besonders vielversprechender, industrienaher (Nachwuchs-) Wissenschaftler.
2. Fördern der besonders industrienahen Forscher.
3. Maximale Intransparenz herstellen und Geheimhalten der Verbindungen zur Industrie.
4. Für gewinnfreundliche Ergebnisse sorgen.
5. Confounder (Verwirrfaktoren) einführen und Fehlfährten legen.
6. Verzögern politischer Gegenmaßnahmen durch den Ruf nach noch mehr Forschung, Paralyse durch Analyse.

Es können im Einzelfall auch mehr oder weniger Schritte sein, das spielt keine Rolle. Diese Methode ist äußerst effizient, wenn es darum geht, Wissenschaft auf Schleichwegen zu missbrauchen oder zu korrumpieren und dadurch die Konzerngewinne zu erhöhen. Wenn man das Schema einmal durchschaut hat, so entdeckt man es im realen Leben ständig wieder.

Nachdem im ersten Teil des Buches eine Analyse der Hintergründe unserer Forschungslandschaft stattfand, im zweiten Teil an Hand aktueller Fallbeispiele aufgezeigt wurde, wie das ganz konkret abläuft, wird im letzten Teil herausgearbeitet, was wir tun können, um diese Fehlentwicklungen zu stoppen oder umzukehren. Und das wäre ganz einfach. Wenn nur der gesellschaftliche oder politische Wille da wäre. Zum einen brächten wir größtmögliche Transparenz statt der heutigen VOLLKOMMENEN Opaziät. „Alle Kooperationsverträge mit staatlichen Hochschulen ins Netz" wäre die allererste Forderung. Und das wäre mit wenigen Federstrichen umsetzbar – und ein Segen für unsere Forschung. Das Zweite wäre eine richtige Grundfinanzierung der staatlichen Hochschulforschung statt der heutigen fast hälftigen Drittmittelfinanzierung. Das Geld ist ja da. Es wird nur zunehmen über falsche Kanäle in die Hochschulen gelenkt: über staatsbürokratische Vorgaben, die in der Regel eng mit Industrielobbyisten abgestimmt sind. Drittens wäre eine grundsätzlich andere Finanzierungsform unserer Hochschulen erstrebenswert: Ein Gutscheinsystem (Voucher-System). Unsere zugelassenen Studierenden erhalten einen Voucher, mit dem sie frei ihre Hochschule wählen können. Dadurch könnte im Laufe mehrerer Jahrzehnte ein wirklich freies Hochschulsystem entstehen. Viertens müssten wir unsere Gremien, insbesondere die Hochschulgremien, aber auch andere über Wissenschaft beratende Entscheidungsgremien sehr viel ausgewogener besetzen, als das heute der Fall ist.

Durch diese teilweise sehr einfachen und sehr schnell umsetzbaren Maßnahmen könnten wir eine Forschungslandschaft entwickeln mit wirklich freier, unabhängiger Forschung zum Wohle der Allgemeinheit. Möge es dazu kommen und möge unsere Forschung zum Wohle aller florieren.

Glossar: Wann sollten bei uns die Alarmglocken angehen?

Gekaufte Wissenschaft ist dann ganz besonders wirksam, wenn die Zahlungsströme verschleiert und die Lobbyinteressen, die sich hinter den scheinbar objektiven wissenschaftlichen Untersuchungen verbergen, vertuscht werden. Deshalb wird bei Kooperationen, die Einfluss auf die Forschungsagenda oder –ergebnisse nehmen besonders stark versucht, den Anschein von Objektivität und Unabhängigkeit zu erwecken. Bestimmte Signalworte können also geradezu als Aufweck-Signale dienen. Im Folgenden sind ein paar dieser Signalworte oder -sätze als sine Art Glossar zusammengestellt. Also wenn diese Worte oder Sätze auftauchen, lohnt es sich häufig, hinter die Kulissen zu schauen, denn sie sind meist ablenkend oder irreführend (es sind alles Original-Zitate von Institutionen, die m.E. weder frei noch unabhängig forschen):

- Das Geld ist an keinerlei Auflagen oder Erwartungen gekoppelt
- Man vertraue selbstverständlich darauf, dass die von der Uni abgeschlossenen Verträge die Unabhängigkeit der universitären Forschung sicherstellt
- Kooperationen mit Unternehmen unterliegen ausnahmslos und verbindlich dem Code of Conduct, einem Regelwerk für Kooperationen, das sich die Uni selbst auferlegt
- Das Geld fließt ohne bestimmte Auflagen oder Erwartungen
- Das Geld fließt ganz selbstlos
- Das Ganze ist eine Win-win-Situation, wobei klar ist: Wir sind unabhängig
- Ein unbeschränktes Forschungsgeschenk
- Die Mittel sind völlig frei und dürfen gänzlich unabhängig verwendet werden
- Forschungsgeschenk
- Schenkung

- Wir sind ein unabhängiges wissenschaftliches Institut
- Die wissenschaftliche Unabhängigkeit ist sichergestellt durch:
    - individuelle Unabhängigkeit der beteiligten Professoren,
    - organisatorische Unabhängigkeit, indem die Stiftung als Rechtsträger der Wissenschaft und nicht den Stiftern verpflichtet ist und
    - finanzielle Unabhängigkeit, da das Institut sich allein aus den Zinserträgen des Stiftungsvermögens finanzieren kann und daher die Professoren nicht unter dem Druck, Drittmittel einwerben zu müssen stehen
- Laut Paragraf xyz der Stiftungssatzung verfolgt das Institut ausschließlich und unmittelbar gemeinnützige Zwecke und ist selbstlos tätig
- Das Symposion spiegelte das ganze Spektrum der wissenschaftlichen Positionen auf diesem Gebiet wider [Kommentar: Dann ist meistens klar, dass einseitige Positionen zu Worte kamen]
- Die xyz Organisation oder Unternehmen hat der Universität xyz die Gelder offiziell zur Verfügung gestellt. Diese hat die Veranstaltung völlig unabhängig organisiert und integre, anerkannte Forscher eingeladen [Kommentar: dann ist meistens klar, dass nur Konzernmeinungen verbreitet wurden]
- Ernst zu nehmende Wissenschaftler haben Zweifel an der Datenlage von Studien [Kommentar: Dann werden offenbar alle Register gezogen, um missliebige Gesetze oder Vorschriften durch gekaufte Wissenschaftler zu verhindern oder zumindest zu verzögern]
- Wir sind eine Non-Profit-NGO [Kommentar: Es ist ein beliebter Trick, eine non-profit NGO als Vehikel vorzuschieben, um von den dahinterstehenden gewinnmaximierenden Konzernen abzulenken]
- Das xyz Institut verpflichtet sich, die fundamentalen wissenschaftlichen Prinzipien einzuhalten und ausschließlich auf objektive Wissenschaft in ihren Programmen zu bauen [Kommentar: Wer hat eigentlich nötig, so etwas beteuern zu müssen?]

- Ziel ist es, die Wissenschaft in Forschung und Lehre zu fördern, die Öffentlichkeit zur Unterstützung der Wissenschaft zu gewinnen und neue Stiftungen anzuregen
- Eine Partnerschaft, die beide Seiten stärkt
- Die Gründungsgesellschafter garantieren vielschichtige Perspektiven, die es ermöglichen, sowohl technologische und juristische als auch soziologische, ökonomische und gestalterische Aspekte des Forschungsgebietes zu beleuchten
- Wir tragen so zum Wissenstransfer zwischen Forschung und Industrie und zur Nachwuchssicherung bei
- Der Gesellschaft verpflichtet – gemeinsam in eine sichere Zukunft
- Wir betreiben ganzheitliche Forschung

Literaturverzeichnis

Bücher und längere Abhandlungen/ Monographien

- Baar, Roland; Bargende, Michael; Beidl, Christian; Koch, Thomas, Rottengruber, Hermann (2018): Kurzstudie - Wissenschaftliche Untersuchungen hardwareseitiger NOx-Reduzierungsnachrüstmöglichkeiten im Pkw-Bereich und im Segment der leichten Nutzfahrzeuge im Auftrag des Bundesministeriums für Verkehr und digitale Infrastruktur, 15.Februar 2018: https://www.bmvi.de/SharedDocs/DE/Anlage/K/hardware-nachruestung-kurzstudie.pdf?__blob=publicationFile Stand 9.5.2020
- Bruner, Robert F. und Carr, Sean D., The Panic of 1907. Lesson's Learned from the Market's Perfect Storm, Hoboken, New Jersey 2007
- Burtscher-Schaden, Helmut; Calusing, Peter; Robinson, Claire (2017): Glyphosate and cancer: Buying Science How indstry strtegized (and regulators colluded) in an attempt to save the world's most widely used herbicide from a ban, March 2017
- Burtscher-Schaden, Helmut, Die Akte Glyphosat Wie Konzeren die Schwächen des Systems nutzen und damit unsere Gesungsheit gefährden, Wien 2017,Kremayr & Scherlau
- Carnegie, Andrew, The Gospel of Wealth and Other Timely Essays, New York 1900
- DFG Deutsche Forschungsgemeinschaft, Förderatlas 2018, Kennzahlen zur öffentlich finanzierten Forschung in Deutschland: https://www.dfg.de/sites/foerderatlas2018/download/dfg_foerderatlas_2018.pdf
- Dörband, Bernd; Müller, Henriette (2005): Ernst Abbe - das unbekannte Genie – Spurensuche in Jena, Eisenach und Frankfurt am Main, Verlag Dr. Bussert Stadeler (Plauen)
- Esterl, Dietrich (2012), Emil Molt 1876-1936 Tun, was gefordert ist, Stuttgart, Verlag Mayer

- Füller, Christian, Gestiftete Wissenschaft: Geforscht wie bestellt, in: Blätter für deutsche und internationale Politik 12/2016
- Gärditz, Klaus Ferdinand, Universitäre Industriekooperation, Informationszugang und Freiheit der Wissenschaft Eine Fallstudie Im Auftrag der Gesellschaft für Freiheitsrechte e. V. mit Unterstützung der MONNETA gGmbH: https://freiheits-rechte.org/home/wp-content/uploads/2019/03/GFF_Gutachten_Industriekooperation.pdf Stand 12.5.2020
- Hirte, Martin (2012): Impfen - Pro & Contra Das Handbuch für die individuelle Impfentscheidung, Knaur (München)
- Kahneman, Thinking, Fast and Slow. London and New York 2011
- Kinder, Hermann und Hilgemann, Werner: dtv-Atlas zur Weltgeschichte, Band II, 14. Auflage 1979, München
- Kreiß, Christian (2013): Profitwahn – Warum sich eine menschengerechtere Wirtschaft lohnt, Tectum (Marburg)
- Kreiß, Christian (2014): Geplanter Verschleiß: Wie die Industrie uns zu immer mehr und immer schnellerem Konsum antreibt - und wie wir uns dagegen wehren können, Europa Verlag (Berlin)
- Kreiß, Christian (2015): Gekaufte Forschung – Wissenschaft im Dienst der Konzerne, Europa Verlag (Berlin)
- Kreiß, Christian (2016): Werbung nein danke Warum wir ohne Werbung viel besser leben könnten, Europa Verlag (Berlin)
- Kreiß, Christian, Das Mephisto-Prinzip in unserer Wirtschaft, Hamburg 2019, tredition
- Kreiß, Christian und Siebenbrock, Heinz, Blenden Wuchern Lamentieren Wie die Betriebswirtschaftslehre zur Verrohung der Gesellschaft beiträgt, Europa Verlag Berlin 2019
- Lütge, Christoph; Uhl, Matthias (2018): Wirtschaftsethik, Vahlen (München)
- Lyon, Thomas P.; Montgomery, A.Wren (2015): The Means and End of Greenwash, in: Organization & Environment, Vol. 28(2) 2015

- Müller, Markus, Akademische Freiheit - Sorgen um ein bedrohtes Gut, in: Berner Gedanken zum Recht - Festgabe der Rechtswissenschaftlichen Fakultät der Universität Bern für den Schweizerischen Juristentag 2014, Stämpfli Verlag
- Myers, Gustavos, History of The Great American Fortunas, Volition, Chicago 1910
- Osburg, Hochschulforschung als Corporate Citizenship 2010
- Unruh, Conrad Max von (1918): Zur Physiologie der Sozialwirtschaft, Leipzig

Zeitungen, Zeitschriften und Internetquellen

ARD
- Sendung „Monitor": https://www1.wdr.de/daserste/monitor/sendungen/gekaufte-forschung-100.html Stand 12.5.2020

attac
- https://www.attac.de/lidl-kampagne/ zuletzt abgerufen siehe Aufsatz Gewerkschaftszeitung

Berliner Morgenpost
- https://www.morgenpost.de/wirtschaft/article211387975/Abgasexperte-Diesel-ist-mit-Gipfel-nicht-mehr-zu-retten.html Stand 6.5.2020

Boehringer Ingelheim Stiftung
- https://www.boehringer-ingelheim-stiftung.de/ueber-uns/organisation.html Stand 12.5.2020

Bonner Rechtsjournal
- https://www.bonner-rechtsjournal.de/fileadmin/pdf/Artikel/2010_02/BRJ_177_2010_Stolte.pdf Stand 3.6.2020

Deutschlandstipendium:

- Bundesministerium für Bildung und Forschung (BMBF): file:///C:/Users/00413/Documents/Drittmittel/Deutschlandstipendiuem%20Mai%202020%20Zahlen%20200519_BMBF_DST_Aktuelle-Zahlen_DINA4_webRZ.pdf Stand 4.6.2020
- Destatis: https://www.destatis.de/DE/Presse/Pressemitteilungen/2020/05/PD20_173_213.html Stand 4.6.2020

Cyber Valley:
- https://cyber-valley.de/ Stand 22.3.2020
- https://cyber-valley.de/cyber-valley-research-fund Stand 5.5.2020
- https://cyber-valley.de/executive-board, abgerufen 22.3.2020
- https://cyber-valley.de/de/faqs#who-finances-cyber-valley Stand 5.5.2020
- https://cyber-valley.de/public-advisory-board Stand 5.5.2020

Daimler AG
- Geschäftsbericht 2019
- https://finance.yahoo.com/quote/DAI.DE/ Stand 2.7.2020

Deutscher Bundestag
- https://www.bundestag.de/resource/blob/393618/96c6fc69db611847737844016d571193/Stellungnahme_Kreiss-data.pdf

Deutsches Ärzteblatt
- https://www.aerzteblatt.de/archiv/197618/Dieselmotoremissionen-Bagatellisiert Stand 9.5.2020

Deutschlandradio/ Deutschlandfunk:
- Interview Deutschlandradio Kultur mit Christoph Lütge 19.11.2019: https://www.deutschlandfunk.de/billigprodukte-im-black-friday-sale-niemand-wird.694.de.html?dram:article_id=464611
- https://www.deutschlandfunk.de/wenn-unternehmen-stiften-gehen.680.de.html?dram:article_id=34835 Stand 2.6.2020

- Deutschlandfunk 17.12.2019: https://www.deutschland-funk.de/drittmittelfinanzierung-wenn-facebook-der-forschung-den.680.de.html?dram:article_id=466082

EUGT - Europäische Forschungsvereinigung für Umwelt und Gesundheit im Transportsektor

- EUGT Kompakt, Newsletter Juni 2013, S.4
- EUGT Chronik 2012-2015

Focus.de

- https://www.focus.de/finanzen/news/unternehmen/kultur-der-angst-schwere-vorwuerfe-gegen-discounter-lidl-soll-mitarbeiter-systematisch-einschuechtern_id_4877021.html, Stand

13.08.2015

Forschung und Lehre (Zeitschrift)

- https://www.forschung-und-lehre.de/forschung/erfolgreich-dritt-mittel-einwerben-fuer-kreative-forschungsideen-2564/ Stand 1.6.2020https://www.forschung-und-lehre.de/forschung/ge-forscht-wird-was-bezahlt-wird-1069/ Stand 1.6.2020
- https://www.forschung-und-lehre.de/hochschullehrer-beklagen-zunehmende-buerokratie-2525/ Stand 30.5.2020https://www.for-schung-und-lehre.de/karriere/professur/forschen-gerne-aber-nur-ohne-drittmittel-1629/ Stand 30.5.2020.
- https://www.forschung-und-lehre.de/management/hochschulen-mit-ihrer-situation-ganz-zufrieden-1131/ 24.10.2018 Stand 20.5.2020
- https://www.forschung-und-lehre.de/politik/universitaeten-zu-50-prozent-aus-projekt-und-drittmitteln-finanziert-500/

Forschungsvereinigung Automobiltechnik

- https://www.forschungsinfor-mationssystem.de/servlet/is/141192/ Stand 9.5.2020

Frankfurter Allgemeine

- 23.10.2017: https://www.faz.net/aktuell/wirtschaft/kuenstliche-intelligenz/amazon-steigt-im-schwaebischen-cyber-valley-ein-15259672.html

Gesetzestexte
- https://www.gesetze-im-internet.de/hrg/__25.html Stand 20.5.2020

Handelsblatt
- https://www.handelsblatt.com/politik/deutschland/innovationen-neuer-rekord-bei-forschungsausgaben/25274536.html?ticket=ST-1323273-KwzDkvzxxh1YzfC3xcOG-ap2
- Handelsblatt 07.10.2019: https://www.handelsblatt.com/technik/it-internet/kuenstliche-intelligenz-ki-institut-entwickelt-regeln-fuer-die-zukunftstechnologie-/25084022.html?ticket=ST-33960400-2Uh41PlTf1eUIBIfowln-ap2
- https://www.handelsblatt.com/unternehmen/management/dieselskandal-verurteilter-volkswagen-ingenieur-liang-aus-haft-entlassen/25354758.html?ticket=ST-3868090-VMJEvdafUrkOR6PoiPNQ-ap1
- https://www.handelsblatt.com/technik/thespark/koepfe-der-kuenstlichen-intelligenz-7-max-planck-forscher-schoelkopf-macht-amazons-algorithmen-intelligent/23080568.html?ticket=ST-1509436-wdjdf3vpXf2PVlHFbc5l-ap6

Heise.de/ Telepolis
- https://www.heise.de/tp/features/Die-Corona-Angst-und-die-kommende-Wirtschaftsdepression-4693816.html Stand 19.5.2020

Hochschulrektorenkonferenz:
- https://www.hrk.de/presse/pressemitteilungen/pressemitteilung/meldung/hrk-jahresversammlung-an-der-freien-universitaet-berlin-3946/ Stand 10.5.2016

Huffington Post
- huffingtonpost.de/2016/08/20/discounter-mobbing-manager

Institut für Molekulare Biologie (IMB) Mainz

- https://www.imb-mainz.de/de/about-imb/aboutintroduction/
  Stand 25.10.15

JGU Mainz
- https://organisation.uni-mainz.de/hochschulgremien/hochschul-rat/ Stand 12.5.2020

Manager Magazin 30.01.2018

Max-Planck-Institut:
- MPI 23.10.2017: https://www.mpg.de/11667917/cyber-valley-amazon

Netzpolitik.org
- Netzpolitik.org 21.01.2019: https://netzpolitik.org/2019/warum-facebook-ein-institut-fuer-ethik-in-muenchen-finanziert/
- https://netzpolitik.org/2019/ein-geschenk-auf-raten/
- https://jobs.zeit.de/stellenanzeigen/position-professor/TA==
  Stand 6.6.2020
- https://www.studycheck.de/duales-studium Stand 5.6.2020

Roman Herzog Institut
- Roman Herzog Institut Jahressymposium 2011, RHI 2012, S.12

Schwäbisches Tagblatt
- 20.2.2020: https://www.tagblatt.de/Nachrichten/Tuebingen-im-Fokus-der-EU-448034.html
- Schwäbisches Tagblatt 29.1.2019: „Was will und was darf Amazon?"
- Schwäbisches Tagblatt 5.11.2019 Cyber Valley wehrt sich gegen Vorwürfe Nicht die Industrie hat das Sagen. Eine Erwiderung auf Christian Kreiß. https://www.tagblatt.de/Nachrichten/Cyber-Valley-wehrt-sich-gegen-Vorwuerfe-435184.html
- Schwäbisches Tagblatt 10.9.2019
- Schwäbisches Tagblatt 20.02.2020: https://www.tagblatt.de/Nachrichten/Tuebingen-im-Fokus-der-EU-448034.html

- Schwäbisches Tagblatt 13.12.2019: https://www.tag-blatt.de/Nachrichten/Zwischen-Forschung-und-Rendite-440067.html
- Schwäbisches Tagblatt 1.2.2019
- Schwäbischen Tagblatt vom 29.Januar 2019 https://www.tag-blatt.de/Nachrichten/Was-will-und-was-darf-Amazon-402355.html.

Spiegel-online.de

- 31.10.2012 http://www.spiegel.de/unispiegel/studium/hrk-wie-viel-horst-hippler-vertraegt-die-hochschulrektorenkonferenz-a-862256-2.html
- Spiegel.de 1.2.2019: https://www.spiegel.de/netzwelt/web/face-book-foerdert-die-ki-forschung-an-der-tu-muenchen-gastbeitrag-a-1250796.html

Süddeutsche Zeitung

- 21. Januar 2019: https://www.sueddeutsche.de/muenchen/face-book-tu-muenchen-finanzierung-lehrstuhl-1.4297197
- SZ vom 7.2.2018
- SZ vom 9.1.2018

Statista.de

- https://de.statista.com/statistik/daten/studie/160365/um-frage/professoren-und-professorinnen-an-deutschen-hochschu-len/
- https://www.statista.com/statistics/201426/the-richest-people-in-america/ Stand 1.7.2020

Statistisches Bundesamt/ Destatis

- Destatis, Bildung und Kultur, Finanzen der Hochschulen, Fachserie 11, Reihe 4.5, letzte Ausgabe 23.April 2020
- Destatis Fachserie 11 Reihe 4.5, diverse Jahrgänge
- Destatis: https://www.statistikportal.de/de/studierende, abgeru-fen 3.6.2020
- Statistisches Bundesamt, 2020 (erschienen 24.2.2020), Finanzen und Steuern, Fachserie 14, Reihe 3.6

- Statistisches Bundesamt, Fachserie 11, Reihe 4.5, 2018
- Statistisches Bundesamt, 2020 (erschienen 24.2.2020), Finanzen und Steuern, Fachserie 14, Reihe 3.6
- Statistisches Bundesamt, Fachserie 11, Reihe 4.5, 2018

Stifterverband für die deutsche Wissenschaft
- file:///C:/Users/00413/AppData/Local/Temp/stifterverband_finanzbericht_2017-2018.pdf Stand 3.6.2020
- https://www.stifterverband.org/ueber-uns Stand 13.5.2020
- file:///C:/Users/00413/Documents/Drittmittel/code_of_conduct%20Stifterverband%202011.pdf Stand 2014
- file:///C:/Users/00413/Documents/Drittmittel/Stifterverband%20Code%20of%20Conduct%20ca.%20April%202016.pdf Stand 13.5.2020

STIKO (Ständige Impfkommission)
- https://de.wikipedia.org/wiki/St%C3%A4ndige_Impfkommission Stand 14.5.2020
- https://www.rki.de/DE/Content/Kommissionen/STIKO/Mitgliedschaft/Mitglieder/mitglieder_node.html Stand 14.5.2020
- https://www.rki.de/DE/Content/Kommissionen/STIKO/Mitgliedschaft/Mitglieder/Profile/Zepp_Profil.html Stand 8.6.2020
- https://www.rki.de/DE/Content/Kommissionen/STIKO/Empfehlungen/Aktuelles/Impfkalender.pdf?__blob=publicationFile Stand 15.5.2020

Study Check
- https://www.studycheck.de/duales-studium Stand 5.6.2020

Schweriner Volkszeitung
- SVZ 14.1.2017: https://www.svz.de/deutschland-welt/panorama/die-banane-wird-ueberschaetzt-id15820431.html

Tagesspiegel
- 7.3.2019: https://www.tagesspiegel.de/wissen/ki-institut-der-tue-muenchen-forschen-mit-facebook-geld/24064258.html

- „Standpunkt: Ethik-Waschmaschinen made in Europe",
  08.04.2019: https://background.tagesspiegel.de/ethik-waschma-
  schinen-made-in-europe

TU9

- TU9-Positionspapier Kuckucksei-Promotionen:
  https://www.rob.cs.tu-bs.de/sites/default/files/iRP_Mitarb/Positi-
  onspapier_Promotionen%20mit%20der%20Industrie_06.2017.pdf
  Stand 3.6.2020
- https://www.tu9-universities.de/ Stand 3.6.2020
- https://www.tu9-universities.de/ueber-tu9/aktuelle-veroeffentli-
  chungen/ Stand 4.6.2020

TU München

- Presseerklärung TUM vom 20.1.2019:
  https://www.tum.de/nc/die-tum/aktuelles/pressemitteilun-
  gen/details/35188/
- https://www.tum.de/nc/die-tum/aktuelles/pressemitteilun-
  gen/details/35726/
- Presseerklärung TUM vom 7.10.2019:
  https://www.tum.de/nc/die-tum/aktuelles/pressemitteilun-
  gen/details/35726/
- https://www.tum.de/nc/die-tum/aktuelles/pressemitteilun-
  gen/details/35726/
- https://ieai.mcts.tum.de/research/ Stand 20.5.2020
- https://www.tum.de/die-tum/aktuelles/pressemitteilungen/de-
  tail/article/34470/

ver.di

- https://handel-nrw.verdi.de/einzelhandel/konzern-und-unterneh-
  mensdaten/++co++c407d03e-2667-11e6-8181-52540066e5a9
  Stand 10.5.2020

welt.de

- https://www.welt.de/geschichte/article150014809/Gegen-diesen-
  Skandal-ist-VWs-Dieselgate-ein-Klacks.html

- https://www.welt.de/wirtschaft/article204294460/Gigantische-Reserve-Das-52-Milliarden-Dollar-Problem-offenbart-die-Abscheu-gegen-Facebook.html

Who rules America
- https://whorulesamerica.ucsc.edu/power/wealth.html

wikipedia:
- https://de.wikipedia.org/wiki/Abgasskandal Stand 5.5.2020
- https://en.wikipedia.org/wiki/Alfred_P._Sloan Stand 19.5.2020
- https://de.wikipedia.org/wiki/Andreas_Barner Stand 13.5.2020
- https://de.wikipedia.org/wiki/Andrew_Carnegie Stand 20.5.2020
- https://de.wikipedia.org/wiki/Curevac, Stand 21.3.2020 und 3.5.2020
- https://de.wikipedia.org/wiki/Deutsche_Umwelthilfe Stand 6.5.2020
- https://de.wikipedia.org/wiki/Deutschlandstipendium Stand 4.6.2020
- https://de.wikipedia.org/wiki/Drittmittel, Stand März 2020
- https://de.wikipedia.org/wiki/Europ%C3%A4ische_Forschungsver-einigung_f%C3%BCr_Umwelt_und_Gesundheit_im_Trans-portsektor Stand 8.5.2020
- https://en.wikipedia.org/wiki/General_Motors_streetcar_conspiracy
- https://de.wikipedia.org/wiki/Helmut_Greim Stand 8.5.2020
- https://de.wikipedia.org/wiki/IAV Stand 9.5.2020
- https://de.wikipedia.org/wiki/Integrative_Wirtschaftsethik
- https://de.wikipedia.org/wiki/International_Council_on_Clean_Transportation Stand 6.5.2020
- https://de.wikipedia.org/wiki/Michael_Spallek Stand 9.5.2020
- https://de.wikipedia.org/wiki/Oliver_Schmidt_(Ingenieur) Stand 7.5.2020
- https://de.wikipedia.org/wiki/Stifterver-band_f%C3%BCr_die_Deutsche_Wissenschaft Stand 13.5.2020
- https://de.wikipedia.org/wiki/Ulrich_Eichhorn Stand 9.5.2020

Wirtschaftswoche
- 15.5.2015, Streitgespräch Hippler – Kreiß: https://www.wiwo.de/technologie/forschung/von-unternehmen-finanzierte-forschung-unser-forschungssystem-geraet-auf-die-schiefe-bahn/11770910.html Stand 6.6.2020
- Wirtschaftswoche 13.12.2017: https://www.wiwo.de/future-board/cyber-valley-die-zukunft-spricht-schwaebisch/20680496-all.html

Zeit.de
- https://www.zeit.de/2018/11/universitaeten-unternehmen-kooperationen-finanzierung-industriekooperation/komplettansicht Stand 3.6.2020
- 12.9.2018: https://www.zeit.de/2018/38/cyber-valley-kuenstliche-intelligenz-zentrum-tuebingen/komplettansicht
- https://www.zeit.de/2018/11/universitaeten-unternehmen-kooperationen-finanzierung-industriekooperation/komplettansicht Stand 3.6.2020
- https://www.zeit.de/2019/12/forschungskooperationen-stiftungen-universitaeten-finanzielle-mittel Stand 12.5.2020
- Zeit online 14. Februar 2020 „Klage: Gericht stoppt Milliardenauftrag an Microsoft nach Amazon-Klage":
- https://www.zeit.de/wirtschaft/unternehmen/2020-02/usa-pentagon-microsoft-amazon-trump-klage-auftrag-gericht